U0227075

陶瓷企业
PLC控制技术应用

陈　军◎主编

刘金德◎副主编

经济管理出版社

ECONOMY & MANAGEMENT PUBLISHING HOUSE

图书在版编目（CIP）数据

陶瓷企业 PLC 控制技术应用/陈军主编. —北京：经济管理出版社，2017.8
ISBN 978-7-5096-4892-6

Ⅰ.①陶…　Ⅱ.①陈…　Ⅲ.①PLC 技术—中等专业学校—教材　Ⅳ.①TM571.6

中国版本图书馆 CIP 数据核字（2016）第 324772 号

组稿编辑：魏晨红
责任编辑：魏晨红
责任印制：司东翔
责任校对：王淑卿

出版发行：经济管理出版社
　　　　　（北京市海淀区北蜂窝 8 号中雅大厦 A 座 11 层　100038）
网　　　址：www. E-mp. com. cn
电　　　话：（010）51915602
印　　　刷：北京市海淀区唐家岭福利印刷厂
经　　　销：新华书店
开　　　本：787mm×1092mm /16
印　　　张：17.5
字　　　数：298 千字
版　　　次：2017 年 8 月第 1 版　2017 年 8 月第 1 次印刷
书　　　号：ISBN 978-7-5096-4892-6
定　　　价：58.00 元（全两册）

编 委 会

主　编：陈　军
副主编：刘金德
编　委：庞　铭　黄晓华　刘恒聪　林育民

　　本教材编写的目的是为服务梧州市陶瓷产业发展，培养技术型人才，重点培养学生自主学习和实践的能力，应用项目式教学法，打破理论课与实训课的界限，将课程的理论与实训融于一体。学生通过本课程的学习，能获得相关专业技术岗位上的必要技能。

　　本书具有以下特点：

　　（1）坚持以能力为本位，突出职业教育的特点，根据学生应具备的能力结构、知识结构及学生的基础知识水平，合理确定适合学生的教学内容，结合本地陶瓷园区企业，加强了实践教学，可满足企业对技能型人才的需求。

　　（2）吸引和借鉴其他学校教学改革的成功经验，使教材内容更加符合学生的认知规律，易于激发学生的学习兴趣。

　　（3）为了充分体现职业教学的特点，将学生平时实训考核成绩和期末成绩相结合，提高学生平时学习的积极性，加强学生之间的相互交流、相互学习。

编者

2016 年 12 月

CONTENTS

目录

模块一

陶瓷企业的 PLC 控制系统

任务一　认识 PLC

学习目标

> **知识目标：**
>
> （1）了解 PLC 产生的背景、常用品牌及各自的特点。
>
> （2）掌握 PLC 的应用及功能。
>
> **能力目标：**
>
> 能根据控制要求进行 PLC 的选型。

 工作任务

20 世纪以来，随着科学技术的不断进步，工业生产初步实现现代化，陶瓷企业在生产中使用的流水线是比较常用的一种自动化设备模式，在实际的生产中，经常要对流水线上的产品进行分拣。以前系统的电气控制大多采用继电器和接触器，这种操作方式存在劳动强度大、能耗高等缺点。随着工业现代化的迅猛发展，继电器控制系统已无法达到相应的控制要求。为此，采用 PLC 控制是十分必要的。

图 1-1-1 为某陶瓷企业的生产流水线包装设备，经过抛光的瓷砖达到工艺要求后就通过传送带传送到包装机进行包装入库，输送带把抛光合格的瓷砖及包装盒运送到包装机上，通过包装机构把包装盒进行折合包装，然后把包装好的瓷砖运送到

下一站。该生产流水线包装设备的运行由 PLC 来指挥各个部件按事先设计好的顺序来完成，在生产线上安装了检测瓷砖及包装盒位置的传感器，传感器把瓷砖及包装盒的位置情况传送给 PLC，由 PLC 来指挥电动机及气缸的驱动来完成包装及输送等功能。

图 1-1-1　陶瓷生产流水线包装设备

综上所述，自动化设备是一个比较复杂的动作系统，有传感器的信号处理、步进电机的控制、直流电动机的控制等，这些部件能有机地连接在一起，有目的地完成规定任务，都是通过 PLC 来进行控制和处理的，PLC 起着"指挥官"的作用。

本次任务的主要内容就是了解 PLC 在工业自动化中的发展过程、特点、应用及功能，学会根据控制要求进行 PLC 的选型。

 相关理论

一、PLC 的简介

PLC 是可编程序控制器（Programmable Controller）的简称。实际上可编程序控制器的英文缩写为 PC，为了与个人计算机（Personal Computer）相区别，人们就将最初用于逻辑控制的可编程序控制器（Programmable Lobic Controller）叫作 PLC。

PLC 是在 20 世纪 70 年代初期问世的，初期的 PLC 主要用于汽车制造业，当时汽车生产流水线控制系统基本上都是由继电器控制装置构成的，汽车的每一次改型都要求生产流水线继电器控制装置的重新设计，这样继电器控制装置就需要经常更改设计和安装，为此美国的数字设备公司（DEC）于 1969 年研制出世界上第一台可编程序控制器。此后这项技术迅速发展，并推动世界各国对可编程序控制器的研制和应用，如日本、德国等先后研制出自己的可编程序控制器。PLC 的发展过程大致可分为以下几个阶段：

第一阶段：功能简单，主要是逻辑运算、定时和计数功能，没有形成系列。与继电器控制相比，可靠性有一定的提高。CPU 由中小规模集成电路组成，存储器为磁芯存储器。目前已无人问津。

第二阶段：增加了数字运算功能，能完成模拟量控制，开始具备自诊断功能，存储器采用 EPROM。目前此类 PLC 已退出市场。

第三阶段：将微处理器用在 PLC 中，而且向多微处理器发展，使 PLC 的功能和处理速度大大增强，具有通信功能和远程 I/O 能力。这类 PLC 仍在部分使用。

第四阶段：能完成对整个车间的监控，可将多台 PLC 连接起来与大系统连成一体，实现网络资源共享。编程语言除了传统的梯形图、流程图、指令表等以外，还有用于算术运算的 BASIC 语言以及用于顺序控制的 GRAPH 语言，用于机床控制的数控语言等，是当前自动化控制的主流。

目前，为了适应大中小型企业的不同需要，扩大 PLC 在工业自动化领域的应用范围，PLC 正朝着以下两个方向发展：

（1）低档 PLC 向小型化、简易廉价方向发展，使之能更加广泛地取代继电器控制。

（2）中高档 PLC 向大型、高速、多功能方向发展，使之能取代工业控制机的部分功能，对复杂系统进行综合性自动控制。

为了确定它的性质，国际电工委员会（International Electrical Committee）于 1982 年颁布了 PLC 标准草案第一稿，1987 年 2 月颁布了第二稿，对 PLC 作了如下定义：

PLC 是一种数字运算操作的电子系统，专为在工业环境下应用而设计。它采用可编程的存储器，用来在其内部存储执行逻辑运算、顺序控制、定时、计数和算术运算等操作指令，并通过数字式或模拟式的输入和输出，控制各种类型的机械或生产过程。PLC 及其相关设备，都应按易与工业控制系统形成一个整体，方便扩展其功能的原则设计。

二、PLC 的应用领域

PLC 的应用非常广泛，例如，电梯控制、防盗系统的控制、交通分流信号灯控制、楼宇供水自动控制、消防系统自动控制、供电系统自动控制、喷水池自动控制及各种生产流水线的自动控制等，其应用情况大致可归纳为以下几类：

1. 开关量逻辑控制

这是 PLC 最基本、最广泛的应用领域，取代传统的继电—接触器控制线路，实现逻辑控制、顺序控制，既可用于单台设备的控制，又可用于多机群控及自动化流水线。如注塑机、印刷机、订书机械、组合机床、磨床、包装生产线、电镀流水线等。

2. 模拟量控制

PLC 利用 PID（Proportional Integral Derivative）算法可实现闭环控制功能。如温度、速度、压力及流量等过程量的控制。

3. 运动控制

PLC 可以用于圆周运动或直线运动的定位控制。近年来，许多 PLC 厂商在自己的产品中增加了脉冲输出功能，配合原有的高速计数器功能，使 PLC 的定位控制能力大大增强。此外，许多 PLC 品牌具有位置控制模块，可驱动步进电机或伺服电机的单轴或多轴位置控制模块，使 PLC 广泛地用于各种机械、机床、机器人、电梯等场合。

4. 数据处理

现代 PLC 具有数学运算、数据传送、数据转换、排序、查表、位操作等功能，可以完成对数据的采集、分析及处理。这些数据除可以与存储在存储器中的参考值比较，在完成一定的控制操作后，也可以利用通信功能传送到别的智能装置，或将它们打印制表。数据处理既可用于大型控制系统，如无人控制的柔性制造系统，也可用于过程控制系统，如造纸、冶金、食品工业中的一些大型控制系统。

5. 通信及联网

PLC 通信含 PLC 间的通信及 PLC 与其他智能设备之间的通信。随着计算机控制的发展，工厂自动化网络发展得很快，各 PLC 厂商都十分重视 PLC 的通信功能，纷纷推出各自的网络系统。新近生产的 PLC 无论是网络接入能力还是通信技术指标都得到了很大加强，这使 PLC 在远程及大型控制系统中的应用能力大大增加。

三、PLC 的特点、性能指标及分类

1. PLC 的特点

（1）高可靠性。高可靠性是 PLC 最突出的特点之一。由于工业生产过程是昼夜连续的，这就对用于工业生产过程的控制器提出了高可靠性的要求。它的平均故障

间隔时间为 3 万~5 万小时。

（2）灵活性。以往电气工程师必须为每套设备配置专用控制装置，有了 PLC 以后，硬件设备采用相同的 PLC，只需编写不同应用软件程序，且可以用一台 PLC 控制几台操作方式完全不同的设备。

（3）便于改进和修正。相对于传统的电气控制线路，PLC 为改进和修订原设计提供了极其方便的手段。以前要花费几周的时间，用 PLC 只要几分钟就可以完成。

（4）触点利用率提高。传统电路中一个继电器只能提供几个触点用于联锁，可在 PLC 中，一个输入中的开关量或程序中的一个"线圈"可提供用户所需要的任意的联锁节点，也就是说，节点在程序中可不受限制地使用。

（5）丰富的 I/O 接口。由于工业控制机只是整个工业生产过程自动控制系统中的一个控制中枢，因此，PLC 除了具有计算机的基本部分如 CPU、存储器等以外，还有丰富的 I/O 接口模块，对不同的现场信号都有相应的 I/O 模块与现场器件或设备连接。

（6）模拟调试。PLC 能对所控功能在实验室内进行模拟调试，缩短现场的调试时间，而传统电气线路是无法在实验室进行调试的，只能花费现场大量时间。

（7）对现场进行微观监视。将 PLC 应用于系统中，操作人员能通过显示器观测到所控每个节点的运行情况，随时监视事故发生点。

（8）快速动作。传统继电器触点的响应时间一般需要几百毫秒，而 PLC 里的节点反应很快，内部是微秒级的，外部是毫秒级的。

（9）梯形图及布尔代数并用。PLC 的程序编制可采用电气技术人员熟悉的梯形图方式，也可采用程序员熟悉的布尔代数图形方式。

（10）体积小、质量轻、功耗低。由于 PLC 内部采用半导体集成电路，与传统控制系统相比较，其体积小、质量轻、功耗低。

（11）编程简单、使用方便。PLC 采用面向控制过程，目前的 PLC 大多数采用梯形图语言编程方式，它继承了传统控制线路的清晰直观感，考虑到大多数电气技术人员的读图习惯及应用微机的水平，很容易被技术人员所接受。

2. 性能指标

（1）硬件指标。硬件指标主要包括环境温度、环境湿度、抗震、抗冲击力、抗噪声干扰、耐压、接地要求和使用环境等。由于 PLC 是专门为适应恶劣的工业环境而设计的，因此 PLC 一般都能满足以上硬件的要求，如 PLC 一般在 0~55℃，湿度小于 80% 的条件下工作。

（2）软件指标。PLC 的软件指标通常从以下几个方面进行描述：

1）编程语言。不同机型的 PLC，具有不同的编程语言。常用的编程语言有梯形图、指令表和控制系统流程图三种。

2）用户存储器容量和类型。用户存储器用来存储用户通过编程器输入的程序。其存储容量通常以字或步为单位计算，例如 FX2 的存储容量为 2k 步。常用的用户程序存储器类型有 RAM、EEPROM 和 EPROM 三种。

3）I/O 总数。PLC 有开关量和模拟量两种输入、输出。对开关量输入/输出（I/O）总数，通常用最大 I/O 点数表示；对模拟量的 I/O 总数，通常用最大 I/O 通道数表示。

4）指令数。用来表示 PLC 的功能。一般指令数越多，其功能越强。

5）软元件的种类和点数。指辅助继电器、定时器、计数器、状态、数据寄存器和各种特殊继电器等。

6）扫描速度。以"$\mu s/步$"表示。例如，$0.48\mu s/步$表示扫描一步用户程序所需要的时间为 $0.48\mu s$。PLC 的扫描速度越快，其输出对输入的响应越快。

7）其他指标。如 PLC 的运行方式、输入/输出方式、自诊断功能、通信联网功能、远程监控等。

3. PLC 的分类

PLC 的品种很多，规格性能不一，且没有一个权威的统一分类标准，但是目前一般按下面几种情况大致分类：

（1）按结构形式分类。PLC 按结构形式可分为整体式和模块式两种：

1）整体式。整体式 PLC 是将电源、中央处理器、输入/输出部件等集中配置在一起，有的甚至全部安装在一块印刷电路板上。整体式 PLC 结构紧凑、体积小、质量轻、价格低、I/O 点数固定、使用不灵活。小型 PLC 常使用这种结构。

2）模块式。模块式 PLC 是把 PLC 的各部分以模块形式分开，如电源模块、CPU 模块、输入模块、输出模块等。把这些模块插入机架底板上，组装在一个机架内。这种结构配置灵活、装配方便、便于扩展。一般中型和大型 PLC 常采用这种结构。

（2）按输入输出点数和存储容量分类。按输入输出点数和存储容量来分，PLC 大致可分为大、中、小型三种：

1）小型 PLC。小型 PLC 的输入输出点数在 256 点以下，单 CPU、8 位或 16 位处理器，用户程序存储容量在 4kb 以下。目前常见的小型 PLC 如美国通用电气（GE）公司的 GE-I 型，美国德州仪器公司的 TI100，日本三菱电气公司的 F、F1、F2，日本立石公司（欧姆龙）的 C20、C40，德国西门子公司的 S7-200，日本东芝公司的 EX20、EX40，中外合资无锡华光电子工业有限公司的 SR-20/21 等。

2）中型 PLC。中型 PLC 的输入输出点数在 256~2048 点，双 CPU，用户程序存储容量一般为 2~10kb。目前常见的中型 PLC 如美国通用电气（GE）公司的 GE-Ⅲ 型，德国西门子公司的 S7-300、SU-5、SU-6，日本立石公司（欧姆龙）的 C500，中外合资无锡华光电子工业有限公司的 SR-400 等。

3）大型 PLC。大型 PLC 的输入输出点数在 2048 点以上，多 CPU、16 位或 32 位处理器，用户程序存储容量达 10kb 以上。目前常见的大型 PLC 如美国通用电气（GE）公司的 GE-Ⅳ 型，德国西门子公司的 S7-400，日本立石公司（欧姆龙）的 C2000，日本三菱电气公司的 K3 等。

（3）按功能分类。按 PLC 功能的强弱来分，一般可分为低档机、中档机和高档机三种。其功能如下：

1）低档 PLC 具有逻辑运算、定时、计数等功能。有的还增设模拟量处理、算术运算、数据传送等功能。

2）中档 PLC 除具有低档机的功能外，还具有较强的模拟量输入输出、算术运算、数据传送等功能，可完成既有开关量又有模拟量控制的任务。

3）高档 PLC 增设有带符号算术运算及矩阵运算等，使运算能力更强，还具有模拟调节、联网通信、监视、记录和打印等功能，使 PLC 的功能更多更强。能进行远程控制、构成分布式控制系统，成为整个工厂的自动化网络。

四、FX 系列 PLC 的特点与规格

1. FX 系列 PLC 的型号意义

FX 系列 PLC 的型号及表示方法如图 1-1-2 所示。

型号含义说明：

（1）系列名称。FX 系列的名称常用 1S、1N、2N、3U 和 3G 等，因此目前常用的 FX 系列的型号有：FX1S 系列、FX1N 系列、FX2N 系列、FX2NC 系列、FX3U 系列和 FX3G 系列等。

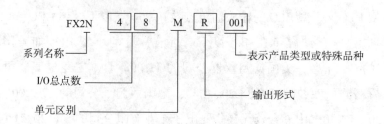

图 1-1-2　FX 系列 PLC 的型号及表示方法

（2）单元类型。FX 系列的单元类型一般有四种，其表示方法如下：

1）M 表示基本单元。

2）E 表示输入、输出混合扩展单元及扩展模块。

3）EX 表示输入专用扩展模块。

4）EY 表示输出专用扩展模块。

（3）输出形式。PLC 的输出形式一般分为三种，其中 R 表示继电器输出，T 表示晶体管输出，S 表示晶闸管输出。这三种输出方式结构如图 1-1-3 所示。其输出方式的性能比较如表 1-1-1 所示。

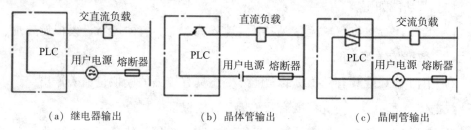

图 1-1-3　PLC 三种输出形式的电路结构

表 1-1-1　三种输出方式的性能比较

项目		继电器输出方式	晶体管输出方式	晶闸管输出方式
外部电源		AC250V，DC30V 以下	DC5~30V	AC85~242V
最大负载	电阻负载	2A/1 点	0.5A/1 点	0.3A/1 点
			0.8A/1 点	0.8A/1 点
	感性负载	80VA	12W/DC24V	15VA/AC100V
	灯负载	100W	1.5W/DC24V	30W
开路漏电流		—	0.1mA/DC24V	1mA/AC100V 或 2.4mA/DC24V

续表

项目	继电器输出方式	晶体管输出方式	晶闸管输出方式
响应时间	约 10ms	0.2ms 以下	1ms 以下
电路隔离	继电器隔离	光耦合器隔离	光敏晶体管隔离
动作显示	继电器通电时 LED 灯亮	光耦驱动时 LED 灯亮	光敏晶体管驱动时 LED 灯亮

 提示

（1）继电器输出的 PLC 可以直接驱动 2A 以内的负载，一般的电磁阀、继电器都用继电器输出型。若当电磁阀线圈的负载电流超过 2A 时，可通过中间继电器进行过渡控制。

（2）晶体管输出的 PLC 只能驱动 0.5A 以内的负载，但是其响应速度快，一般用来输出高速脉冲，可以控制高速电磁阀、步进及伺服马达等。

（4）产品类型或特殊品种。

1）产品类型。PLC 的产品类型一般分为两种，其中 001 表示标准产品，ES/UL 表示欧规产品。目前，国内销售的 PLC 一般都为标准版的 PLC。

2）特殊品种。PLC 的特殊品种共有 8 种，其文字代号及含义如下：

①D 表示 DC 电源，DC 输入。②A1 表示 AC 电源，AC 输入（AC100～120V）或 AC 输入模块。③H 表示大电流输出扩展模块（1A/1 点）。④V 表示立式端子排的扩展模块。⑤C 表示接插口输入输出方式。⑥F 表示输入滤波器 1ms 的扩展模块。⑦L 表示 TTL 输入型扩展模块。⑧S 表示独立端子（无公共端）扩展模块。

若特殊品种一项无标记，通常表示 AC 电源，DC 输入，横式端子排。继电器输出：2A/点；晶体管输出：0.5A/点；晶闸管输出：0.3A/点。

例如，型号"FX2N-64MR"表示该 PLC 为 FX2N 系列、AC 电源、DC 输入的基本单元、I/O 总点数为 64 点、继电器输出方式。又如型号"FX2N-48MRD"表示该 PLC 为 FX2N 系列、I/O 总点数为 48 点、DC 电源、DC 输入的基本单元、继电器输出方式。再如型号"FX-4EYSH"表示该 PLC 为 FX 系列、输入点数为 0、输出点数为 4 点、晶闸管输出的大电流输出扩展模块。

提　示

PLC 在选用时应根据不同的要求选用不同的输出方式。若需要大电流输出，应选继电器输出方式或晶闸管输出方式；若电路需要快速通断或频繁动作，应选用晶体管输出方式或晶闸管输出方式。

2. FX 系列常用 CPU 的性能

FX 系列常用 CPU 的性能如表 1-1-2 所示。

表 1-1-2　FX 系列常用 CPU 的性能表

CPU 系列	FX1S	FX1N	FX2N	FX3U
运算控制方式	存储程序反复运算（专用 LST），有中断指令			
输入/输出控制方式	批处理方式（执行 END 时），有 I/O 刷新指令			
编程语言	梯形图+步进梯形图+SFC			
程序内存	内置 2000 步 EEPROM	内置 8000 步 EEPROM	内置 2000 步 RAM	内置 64000 步 RAM
可选存储器	FX1N-EEPROM-8L		RAM8K EEPROM4-16K	FX3U-PLROM-64L FX3U-PLROM-16
指令种类	顺控指令 27 个，步进梯形图指令 2 个			顺控 29 个
	应用指令 85 种	应用指令 89 种	应用指令 128 种	应用指令 209 种
运算处理速度	基本指令 0.55~0.7μs，应用指令 1007μs		基本指令 0.08μs	基本指令 0.065μs
扩展功能	无	有	有	有
输入输出点数	30 点以下	128 点以下	256 点以下	384 点以下

3. FX 系列的扩展模块

FX 系列 PLC 的扩展模块主要有扩展 I/O 模块（输入扩展模块、输出扩展模块）和扩展 I/O（混合模块）。常见的 FX2N 系列 PLC 的输入扩展模块、输出扩展模块和混合模块的外形如图 1-1-4 所示。

（1）FX 系列扩展 I/O 模块。FX 系列扩展 I/O 模块分别包括输入扩展模块和输出扩展模块，常用的 FX 系列扩展 I/O 模块如表 1-1-3 所示。

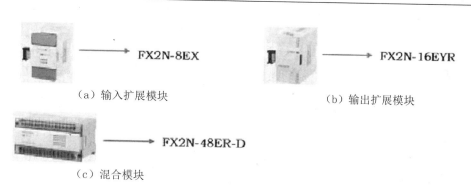

（a）输入扩展模块　　　　　　　　　　（b）输出扩展模块

（c）混合模块

图 1-1-4　FX2N 系列 PLC 扩展模块外形

表 1-1-3　FX 系列控制 I/O 模块

型号	I/O 总数	输入		输出		可连接的 PLC		
		数目	类型	数目	类型	FX1S	FX1N	FX2N
FX0N-8EX	8	8	漏型	—			√	√
FX0N-16EX	16	16	漏型	—			√	√
FX2N-16EX	16	16	漏型	—			√	√
FX0N-8EYR	8	—	—	8	继电器		√	√
FX0N-8EYT		—	—		晶体管		√	√
FX0N-16EYR	16	—	—	16	继电器		√	√
FX0N-16EYT		—	—		晶体管		√	√
FX2N-16EYR	16	—	—	16	继电器		√	√
FX2N-16EYT		—	—		晶体管		√	√

（2）FX 系列扩展 I/O 混合模块。FX 系列扩展 I/O 混合模块是既含输入扩展又含输出扩展的模块，常用的 FX 系列扩展 I/O 混合模块如表 1-1-4 所示。

表 1-1-4　FX 系列扩展 I/O 混合模块

型号	I/O 总数	输入		输出		可连接的 PLC		
		数目	类型	数目	类型	FX1S	FX1N	FX2N
FX2N-32ER	32	16	漏型	16	继电器		√	√
FX2N-32ET					晶体管			
FX0N-40ER	40	24	漏型	16	继电器		√	
FX0N-40ET					晶体管			

续表

型号	I/O 总数	输入		输出		可连接的 PLC		
		数目	类型	数目	类型	FX1S	FX1N	FX2N
FX2N-48ER	48	24	漏型	24	继电器		√	√
FX2N-48ET					晶体管			
FX2N-40ER-D	40	24	漏型	16	继电器		√	
FX2N-48ER-D	48	24	漏型	16	继电器			√
FX2N-48ER-D					晶体管			
FX0N-8ER	8	4	漏型	4	继电器		√	√

4. FX 系列特殊功能模块

常用的 FX 系列特殊功能模块如表 1-1-5 所示。

表 1-1-5　FX 系列特殊功能模块

模块类型	模块型号	模块类型	模块型号	模块类型	模块型号
模拟量模块	FX0N-3A	高速计数模块	FX2N-1HC	通信接口模块	FX1N-232-BD
	FX2N-2AD	脉冲输出模块	FX2N-1PG		FX2N-232-BD
	FX2N-4AD		FX2N-10PG		FX1N-422-BD
	FX2N-8AD	定位控制模块	FX2N-10GM		FX1N-485-BD
	FX2N-2DA		FX2N-20GM		FX2N-422-BD
	FX2N-4DA	CCLINK 主站模块	FX2N-16CCL-M		FX2N-485-BD
温度模块	FX2N-4AD-PT	CCLINK 接口模块	FX2N-32CCL		FX0N-485-ADP
	FX2N-4AD-TC				FX2N-485-ADP

五、PLC 的选择原则

自从 PLC 技术在工业领域中得到广泛应用以来，PLC 产品的种类越来越多，而且功能也日趋完善。当前工业领域中应用的 PLC 既有从美国、日本、德国等国家进口的，也有国内厂家组装或自行开发的，已达几十个系列、上百种型号。由于 PLC 品种繁多，其结构形式、性能、容量、指令系统、编程方式、价格和适用场合等都有所不同。因此，合理选择 PLC，对于提高 PLC 控制系统的经济技术指标有着重要的意义。本书主要从 PLC 机型、容量、I/O 模块、电源模块等部件的选择来介绍小型 PLC 选型的一般原则。

1. PLC 的机型选择

PLC 的机型选择的基本原则是在能够满足控制要求及保证运行可靠、维护方便的前提下，力争最佳的性价比。

（1）结构形式的选择。在系统工艺过程较为固定的小型控制系统中，常采用 I/O 点的平均价格较便宜的整体式 PLC；在较复杂系统和环境差（维修量大）的场合，常采用模块式 PLC，因为模块式 PLC 扩展灵活方便，I/O 点数、输入点数与输出点数的比例、I/O 模块的种类等方面选择余地大，并且在维修时只需要更换模块，判断故障的范围也很方便。

（2）安装方式的选择。按照 PLC 的不同安装方式，控制系统分为集中式、远程 I/O 式和多台 PLC 联网的分布式。在集中式控制系统中，无须设置驱动远程 I/O 硬件，控制系统反应快、成本低。远程 I/O 式适用于大型控制系统，因为远程 I/O 可以分别安装在 I/O 装置附近，I/O 连线比集中式短，控制系统的装置分布范围很大，但需要增设驱动器和远程 I/O 电源。多台 PLC 联网的分布式可以选用小型 PLC，但必须要附加通信模块，适用于多台设备分别独立控制且又存在相互联系的控制系统。

（3）功能要求的选择。

1）对于只有开关量控制的设备，具有逻辑运算、定时、计数等功能的一般小型（低档）PLC 即可满足其控制要求。

2）对于开关量控制为主，带少量模拟量控制的系统，可以选择带 A/D 和 D/A 转换模块、能够实现加减算术运算、数据传送的增强型低档 PLC。

3）对于控制较复杂，要求具有 PID 运算、闭环控制、通信联网等功能的系统，可以根据控制规模大小及复杂程度，选用中档或高档 PLC，但价格一般较贵。

（4）响应速度的要求选择。PLC 的扫描工作方式所引起的响应延迟可达 2~3 个扫描周期。在一般应用场合中，PLC 响应速度都可以满足要求。但对于某些特殊场合，则要求考虑 PLC 的响应速度。可以选用扫描速度高的 PLC，或选用具有高速 I/O 处理功能指令的 PLC，或选用具有快速响应模块和中断输入模块的 PLC 等，来减少 PLC 的 I/O 响应的延迟时间。

（5）系统可靠性的要求选择。对于一般的系统，PLC 的可靠性均能满足。对可靠性要求很高的系统，应考虑是否采用冗余控制系统或热备用系统。

（6）机型统一的要求选择。对于一个企业，应尽可能使用机型统一的 PLC。这是从以下三方面进行考虑的。

1）使用同一机型的 PLC，其模块可互相备用，便于备品、备件的采购和管理。

2）同一机型的 PLC 功能和编程方法相同，有利于技术力量的培训和技术水平的提高。

3）同一机型的 PLC，其外围设备通用，资源可共享，易于联网通信，配上位计算机后易于形成一个多级分布式控制系统。

2. PLC 的容量选择

PLC 的容量选择包括 I/O 点数和用户程序存储容量两个方面的参数选择。

（1）I/O 点数的选择。由于 PLC 平均 I/O 点的价格还比较高，因此，应该在满足控制要求和留有一定备用量的前提下力争少使用 I/O 点数。一般情况下 I/O 点数是根据被控对象的输入、输出信号的实际个数，再加上 10%～15% 的备用量来确定的。在不同机型的 PLC 中，输入与输出点数的比例不同，在选择时应保证输入、输出点都够用，且节余还不能很多。因此，往往选择较少点数的主机加扩展模块，可以比直接选择较多点数的主机更经济。

（2）用户程序存储容量的选择。用户程序存储容量是指 PLC 用于存储用户程序的存储器容量，其大小由用户程序的长短决定。用户程序存储容量一般可按下式进行估算，再按实际需要留适当的余量（20%～30%）来选择：

存储容量＝开关量 I/O 点总数×10＋模拟量通道数×100

 提 示

绝大部分 PLC 均能满足上式要求。但值得注意的是：当控制较复杂、数据处理量大时，可能出现存储容量不够的问题，这时应特殊对待。

3. I/O 模块的选择

一般情况下 I/O 模块的价格占 PLC 价格的一半以上。不同的 I/O 模块，其电路及功能不同，所以 I/O 模块将直接影响 PLC 的应用范围和价格。在此仅介绍有关开关量 I/O 模块的选择。

（1）开关量输入模块的选择。PLC 输入模块的作用是用来检测、接收现场输入设备的信号，并将输入的信号转换为 PLC 内部接收的低电压信号。

1）输入信号的类型选择。常用开关量输入模块的信号类型有三种：直流输入、交流输入和交流/直流输入，在进行选择时应根据现场的输入信号和周围环境来考虑。直流输入模块具有延迟时间短，可以直接与接近开关、光电开关等电子输入设备连接的特点；交流输入模块具有接触可靠，适用于有油雾、粉尘的恶劣环境的特点。

2）输入信号电压等级的选择。PLC 的开关量输入模块输入信号的电压等级有：直流 5V、12V、24V、48V、60V 等；交流 110V、220V 等。在选择时应根据现场输入设备与输入模块之间的距离来考虑。一般 5V、12V、24V 用于传输距离较近的场合。距离较远的应选择电压等级较高的模块。

3）输入接线方式的选择。PLC 的开关量输入模块的接线方式有汇点式输入和分组式输入两种，如图 1-1-5 所示。汇点式输入模块的所有输入点使用一个公共端 COM；而分组式输入模块是将输入点分成若干组，每一组使用一个公共端 COM，各组之间是分隔的。分组式输入的每点平均价格较汇点式输入高。此外，还要考虑同时接通的输入点个数。对于选用高密度的输入模块（如 32 点、48 点等），还应考虑该模块同时接通的点数一般不要超过输入点数的 60%。

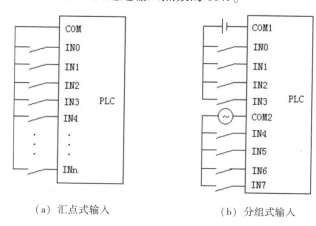

（a）汇点式输入　　　　　　　　　（b）分组式输入

图 1-1-5　开关量输入模块的接线方式

 提　示

对于三菱 PLC 而言，图 1-1-5 中的输入点一般采用 X 来表示，如图中的 IN0 对应的是 X0，IN1 对应的是 X1，其他输入点也一样。

4）输入门槛电平高低的要求选择。从提高系统可靠性角度来看，必须考虑输入门槛电平的大小。门槛电平越高，抗干扰能力越强，传输距离也越远。

（2）开关量输出模块的选择。输出模块的作用是将 PLC 内部低电压信号转换成外部输出设备所需的驱动信号。在进行选择时，应主要考虑负载电压的种类和大小、系统对延迟时间的要求、负载状态变化是否频繁等。

1）输出方式的选择。开关量输出模块的输出方式有：继电器输出、晶闸管输出和晶体管输出。继电器输出具有价格便宜，既可驱动交流负载又可驱动直流负载，适用的电压范围较宽和导通压降小，承受瞬时过电压和过电流的能力较强的优点。但由于它属于有触点元件，所以其动作速度较慢、使用寿命较短、可靠性较差，只适用于不频繁通断的场合。对于驱动感性负载，其触点的动作频率不得超过 1HZ。双向晶闸管输出或晶体管输出适用于频繁通断的负载，它们属于无触点元件。双向晶闸管输出只能用于交流负载，而晶体管输出只能用于直流负载。

2）输出接线方式的选择。PLC 的输出接线方式一般有分组式输出和分隔式输出两种，如图 1-1-6 所示。分组式输出是几个输出点为一组，使用一个公共端并且各组之间是分隔的，可以分别使用不同的电源。分隔式输出的每一个输出点的公共端，各输出点之间相互隔离，每个输出点可使用不同的电源，主要根据系统负载的电源种类的多少而定。一般整体式 PLC 既有分组式输出，也有分隔式输出。

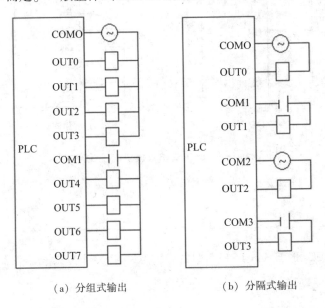

（a）分组式输出　　　　（b）分隔式输出

图 1-1-6　开关量输出模块的接线方式

 提　示

对于三菱 PLC 而言，图 1-1-6 中的输出点一般采用 Y 来表示，图中的 OUT0 对应的是 Y0，OUT1 对应的是 Y1，其他输出点也一样。

3）输出电流的选择。输出模块的输出电流（驱动能力）必须大于负载的额定电流。用户应根据实际负载电流的大小选择输出模块的输出电流。如果实际负载电流较大，输出模块无法直接驱动，可增加中间放大环节。

4. 电源模块及其他外设的选择

（1）电源模块的选择。电源模块的选择较为简单，只需考虑电源的额定输出电流。电源模块的额定输出电流必须大于 CPU 模块、I/O 模块及其他模块的总消耗电流。电源模块的选择仅对于模块式结构的 PLC 而言，对于整体式 PLC 不存在电源模块的选择。

（2）编程器的选择。简易编程器适用于小型控制系统或不需要在线编程的系统。功能强、编程方便的智能编程器适用于由中、高档 PLC 构成的复杂系统或需要在线编程的 PLC 系统，但智能编程器价格较贵。如果有现成的个人计算机，可以选用 PLC 的编程软件包，在个人计算机上实现编程器的功能。

（3）写入器的选择。由于干扰、锂电池电压变化等原因，RAM 中的用户程序可能会受到破坏，可以使用 EPROM 写入器将用户程序固化在 EPROM 中。当前使用的一些 PLC 或编程器本身具有 EPROM 写入器功能。

六、系统采用 PLC 控制的一般条件

PLC 是将传统的继电器控制技术、微型计算机技术和通信技术相融合，专为工业控制而设计的专用控制器，是计算机化的高科技产品，其价格相对比较高（至少在数千元以上）。所以，在确定控制系统方案时，应该首先考虑是否有必要采用 PLC 控制。如果控制系统很简单，所需 I/O 点数较少；或者虽然控制系统需要 I/O 点较多，但控制要求并不复杂，各部分的相互联系很少，这些情况都没有必要使用 PLC。在遇到下列几种情况时，可考虑使用 PLC：

（1）系统的控制要求复杂，所需的 I/O 点数较多。如使用继电器控制，则需要

大量的中间继电器、时间继电器等器件。

（2）系统对可靠性的要求特别高，继电器控制达不到要求。

（3）系统加工产品种类和工艺流程经常变化，因此，需要经常修改系统参数，改变控制电路结构，使控制系统功能有扩充的可能。

（4）由一台 PLC 控制多台设备的系统。

（5）需要与其他设备实现通信或联网的系统。

在新设计的较复杂机械设备中，使用 PLC 控制将比使用继电器控制节省大量的元器件，能减少控制柜内部的接线或安装工作量，减小控制柜或控制箱的体积，在经济上也往往比继电器控制更便宜。

 任务实施

一、观看 PLC 在陶瓷生产自动化中的应用录像

记录 PLC 的品牌及型号，并查阅相关资料，了解 PLC 的主要技术指标及特点，填入表 1-1-6 中。

表 1-1-6　观看 PLC 在陶瓷生产自动化中的应用录像记录表

序号	品牌及型号	主要技术指标	特点
1			
2			
3			

二、参观工厂、实训室

记录 PLC 的品牌及型号，并查阅相关资料，了解 PLC 的主要技术指标及特点，填入表 1-1-7 中。

表 1-1-7　参观陶瓷生产设备、实训室记录表

序号	品牌及型号	主要技术指标	特点
1			
2			
3			

三、PLC 的选型训练

现有一套电气控制设备，需要用到一台 PLC，通过一些按钮、行程开关、接近开关、光电开关等开关量输入信号，控制一些继电器、接触器、电磁阀等开关量信号。无其他特殊功能要求。统计后，输入信号需要 18 个，输出信号需要 20 个，请根据要求选择性价比较高的三菱 PLC。

1. 分析 CPU 功能进行选型

通过对控制要求进行分析，本控制系统只需简单的开关量控制，并且 I/O 点数较少，因此三菱 FX 系列的 PLC 都能满足其控制要求，所以，可从性价比较高的 FX1S 系列开始选型。

2. 分析 I/O 点数进行选型

从控制要求分析可知，此设备控制所需 I/O 点数为 38 个点，超过了 30 点。因为 FX1S 系列的 PLC 最大 I/O 点数为 30，并且该系列的 PLC 不能扩展，满足不了控制需要，因此，可排除 FX1S 系列的 PLC。

3. 分析价格进行选型

由于 FX0N 系列的 PLC 已停产，而 FX2N 系列和 FX3U 系列的价格较贵，因此选择 FX1N 系列性价比较高。

4. 确定 PLC 的型号规格

从 FX1N 系列的 PLC 来看，主要有以下两款型号的 PLC 能满足上述选择要求。

（1）FX1N-40MR 的 PLC（输入 24 点，输出 16 点）。由于该型号 PLC 的输入点数是 24 点，而控制要求需要 18 点，因此，可满足选择要求，并留有一定的裕量。但控制要求需要 20 个输出点，而该型号 PLC 的输出点只有 16 点，满足不了要求。若要选择该型号的 PLC，则可以增加扩展模块，从表 1-1-4 的 FX 系列控制 I/O 模块中可知，只要增加一个 FX2N-8EYR 的 8 点扩展输出模块，这样输出点数（16 点 + 8 点 = 24 点）就能满足要求。

（2）FX1N-60MR 的 PLC（输入 36 点，输出 24 点）。若选择该型号的 PLC，则 I/O 点数完全可以满足要求，而且 I/O 点数剩余许多。

从对上述两款 FX1N 系列的 PLC 进行分析可知，若选用 FX1N-40MR 的 PLC 需增加 1 个 FX2N-8EYR 模块，而 FX1N-60MR 的 PLC 可以直接选用。如此只需比较两者的价格就可以确定所选用 PLC 的型号。若 FX1N-40MR 的 PLC 的价格为 2000

元，FX2N-8EYR 模块为 500 元，FX1N-60MR 的 PLC 的价格是 2500 元，则应选择性价比较高的 FX1N-60MR 的 PLC。这是因为它们虽然在价格和输出点数上一样，但 FX1N-60MR 的 PLC 的输入点数为 36 点，比 FX1N-40MR PLC 的输入点数多，可便于以后设备改造时增加点数的需要。

 任务测评

对任务实施的完成情况进行检查，并将结果填入表 1-1-8 中。

表 1-1-8 评分标准

序号	主要内容	考核要求	评分标准	配分	扣分	得分
1	观看录像	正确记录 PLC 的品牌及型号，正确描述主要技术指标及特点	(1) 记录 PLC 的品牌、型号，有错误或遗漏，每处扣 2 分 (2) 描述主要技术指标及特点，有错误或遗漏，每处扣 2 分	20		
2	参观工厂	正确记录 PLC 的品牌及型号，正确描述主要技术指标及特点	(1) 记录 PLC 的品牌、型号，有错误或遗漏，每处扣 2 分 (2) 描述主要技术指标及特点，有错误或遗漏，每处扣 2 分	20		
3	PLC 的选型	(1) 能根据控制要求，分析 CPU 功能正确选型 (2) 能根据控制要求，分析 I/O 点数正确选型 (3) 能根据控制要求，分析价格正确选型 (4) 能根据控制要求，确定 PLC 的型号规格	(1) 不能通过分析 CPU 功能正确选型扣 20 分 (2) 不能通过分析 I/O 点数正确选型扣 20 分 (3) 不能通过分析价格正确选型扣 10 分 (4) 不能根据控制要求，确定 PLC 的型号规格扣 50 分	50		
4	安全文明生产	劳动保护用品穿戴整齐；遵守操作规程；讲文明礼貌；操作结束要清理现场	(1) 操作中，违犯安全文明生产考核要求的任何一项扣 5 分，扣完为止 (2) 当发现学生有重大事故隐患时，要立即予以制止，并每次扣安全文明生产总分 5 分	10		
合计						
开始时间：			结束时间：			

任务二　PLC 硬件安装及接线

学习目标

> **知识目标：**
> 掌握 PLC 的组成及工作原理，并理解 PLC 控制系统与继电—接触器逻辑控制系统的区别。
>
> **能力目标：**
> 掌握 PLC 输入、输出端子的接线方法及注意事项。

工作任务

　　PLC 的种类虽然繁多、性能各异，但在硬件组成原理上，几乎所有的 PLC 都具有相同或类似的结构。本次任务的主要内容是：通过本任务的学习，熟悉 PLC 的硬件组成及系统特性，同时掌握三菱 PLC 输入、输出端子的接线方法及注意事项。

任务准备

　　实施本任务所使用的实训设备及工具材料可参考表 1-2-1。

表 1-2-1　实训设备及工具材料

序号	分类	名称	型号规格	数量	单位	备注
1	工具	电工常用工具		1	套	
2	仪表	万用表	MF47 型	1	块	
3		编程计算机		1	台	
4		接口单元		1	套	
5	设备器材	通信电缆		1	条	
6		可编程序控制器	FX2N-48MR　FX2N-48MT	各 1	台	
7		编程软件包	GX-Developer Ver. 8	1	个	

续表

序号	分类	名称	型号规格	数量	单位	备注
8	设备器材	安装配电盘	600mm×900mm	1	块	
9		导轨	C45	0.3	米	
10		空气断路器	Multi9 C65N D20	1	只	
11		熔断器	RT28-32	6	只	
12		按钮	LA4-3H	1	只	
13		接近开关	NPN 型	1	只	
14		接触器	CJ10-10 或 CJT1-10	1	只	
15		电磁阀	DC24	1	只	
16		接线端子	D-20	20	只	
17	消耗材料	铜塑线	BV1/1.37mm²	10	米	主电路
18		铜塑线	BV1/1.13mm²	15	米	控制电路
19		软线	BVR7/0.75mm²	10	米	
20		紧固件	M4×20mm 螺杆	若干	只	
21			M4×12mm 螺杆	若干	只	
22			φ4mm 平垫圈	若干	只	
23			φ4mm 弹簧垫圈及 M4 螺母	若干	只	
24		号码管		若干	米	
25		号码笔		1	支	

 相关理论

PLC 是微机技术和控制技术相结合的产物，是一种以微处理器为核心的用于控制的特殊计算机，因此 PLC 的基本组成与一般的微机系统类似。PLC 虽然种类繁多、性能各异，但在硬件组成原理上，几乎所有的 PLC 都具有相同或相似的结构。

一、PLC 的硬件组成

PLC 的硬件主要由中央处理器（CPU）、存储器、输入单元、输出单元、通信接口、扩展接口及电源等组成。其中，CPU 是 PLC 的核心，输入单元与输出单元是连接现场输入/输出设备与 CPU 之间的接口电路，通信接口用于与编程器、上位计算机等外设连接。

对于整体式的 PLC，所有的部件都装在同一机壳内，其组成框如图 1-2-1 所示。而对于模块式的 PLC，它的各部件独立封装成模块，各模块通过总线连接，安装在机架或导轨上，其组成框如图 1-2-2 所示。无论是哪种结构类型的 PLC，都可以根据用户需要进行配置与组合。

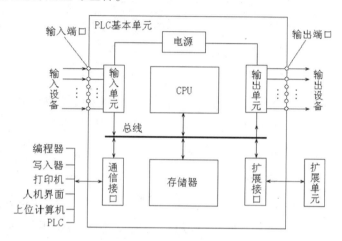

图 1-2-1　整体式 PLC 的组成框

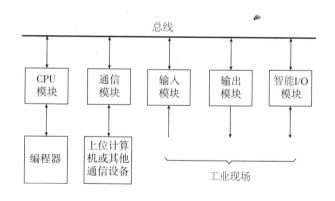

图 1-2-2　模块式 PLC 的组成框

 提　示

尽管整体式与模块式的 PLC 的结构不太一样，但它们各部分的功能作用是相同的。

1. 中央处理器（CPU）

在任务 1 中，我们对 CPU 作了一些简单的介绍，CPU 是 PLC 的核心，在 PLC 中所配置的 CPU 随机型不同而不同。常用的 CPU 共有三类：通用微处理器（如 Z80、8086、80286 等）、单片微处理器（如 8031、8096 等）和位片式微处理器（如 AMD29W 等）。小型 PLC 大多采用 8 位通用微处理器和单片微处理器；中型 PLC 大多采用 16 位通用微处理器或单片微处理器；大型 PLC 大多采用高速位片式微处理器。

目前，小型 PLC 为单 CPU 系统，而中、大型 PLC 则大多为双 CPU 系统，甚至有些 PLC 中多达 8 片 CPU。对于双 CPU 系统，一般一片为字处理器，多采用 8 位或 16 位处理器；另一片为位处理器，采用由各厂家设计制造的专用芯片。

字处理器为主处理器，用于执行编程器接口功能，监视内部定时器，监视扫描周期，处理字节指令以及对系统总线和位处理器进行控制等。

位处理器为从处理器，主要用于处理位操作指令和实现 PLC 编程语言向机器语言的转换。位处理器的采用，提高了 PLC 的速度，使 PLC 更好地满足实时控制要求。

总之，在 PLC 中 CPU 按系统程序赋予的功能，指挥 PLC 有条不紊地工作，归纳起来，主要包括以下几个方面：

（1）接收编程器输入的用户程序和数据。

（2）诊断电源、PLC 内部电路的工作故障和编程中的语法错误等。

（3）通过输入接口接收现场的状态或数据，并存入输入映像寄存器或数据寄存器中。

（4）从存储器逐条读取用户程序，经过解释后执行。

（5）根据执行的结果，更新有关标志位和输出映像寄存器的内容，通过输出单元实现输出控制。另外，有些 PLC 还具有制表打印或数据通信等功能。

2. 存储器

在 PLC 中，存储器主要用于存放系统程序、用户程序及工作数据。PLC 的存储器主要有两种：一种是可读/写操作的随机存储器 RAM，另一种是只读存储器 ROM、PROM、EPROM 和 EEPROM。

3. 输入/输出单元

输入/输出单元通常也称为 I/O 单元或 I/O 模块，是 PLC 与工业生产现场之间的连接部件。PLC 通过输入接口可以检测被控对象的各种数据，以这些数据作为 PLC 对被控制对象进行控制的依据；同时 PLC 又通过输出接口将处理结果输送给被控制对象，以实现控制目的。

由于外部输入设备和输出设备所需的信号电平是多种多样的，而 PLC 内部 CPU 所处理的信息只能是标准电平，所以 I/O 接口要实现这种转换。I/O 接口一般都具有光电隔离和滤波功能，以提高 PLC 的抗干扰能力。另外，I/O 接口上通常还有状态指示，工作状况直观，便于维护。

PLC 提供了多种操作电平和驱动能力的 I/O 接口，有各种各样功能的 I/O 接口供用户选择。I/O 接口的主要类型有数字量（开关量）输入、数字量（开关量）输出、模拟量输入、模拟量输出等。

（1）数字量（开关量）输入接口。常用的开关量输入接口按其使用的电源不同分为三种类型：直流输入接口、交流输入接口和交/直流输入接口，其电路基本原理如图 1-2-3 所示。

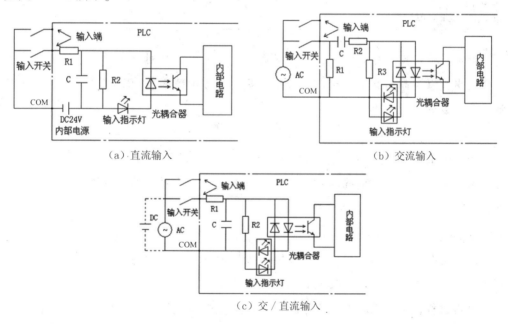

（a）直流输入　　　　　　　　　　　　　　（b）交流输入

（c）交/直流输入

图 1-2-3　开关量输入接口

（2）数字量（开关量）输出接口。常用的开关量输出接口按输出开关器件不同分为三种类型：继电器输出、晶体管输出和双向晶闸管输出，其电路基本原理如图 1-2-4 所示。

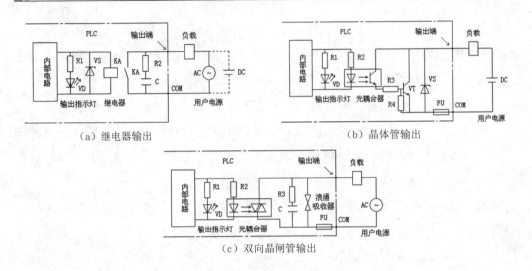

（a）继电器输出　　　　　　　　　　　　（b）晶体管输出

（c）双向晶闸管输出

图 1-2-4　开关量输出接口

 提 示

继电器输出接口可驱动交流或直流负载，但其响应时间长，动作频率低；而晶体管输出和双向晶闸管输出接口的响应速度快，动作频率高，前者只能用于驱动直流负载，后者只能用于交流负载。

PLC 的 I/O 接口所能接受的输入信号个数和输出信号个数称为 PLC 输入/输出（I/O）点数。I/O 点数是选择 PLC 的重要依据之一。当系统的 I/O 点数不够时，可通过 PLC 的 I/O 扩展接口对系统进行扩展。

4. 通信接口

PLC 配有各种通信接口，这些接口一般都带有通信处理器。PLC 通过这些通信接口可与监视器、打印机、其他 PLC、计算机等设备实现通信。如 PLC 与打印机连接，可将过程信息、系统参数等输出打印；与监视器连接，可将控制过程图像显示出来；与其他 PLC 连接，可组成多机系统或连成网络，实现更大规模控制；与计算机连接，可组成多级分布式控制系统，实现控制与管理相结合。

5. 编程装置

编程装置既是编辑、调试、输入用户程序，也可在线监控 PLC 内部状态和参数，与 PLC 进行人机对话。它是开发、应用、维护 PLC 不可缺少的工具。编程装置可以是专用的编程器，也可以是配有专用编程软件包的通用计算机系统。专用的编程器是由 PLC 厂家生产，专供该厂家生产的某些 PLC 产品使用，它主要由键盘、显示器和外存储器接插件等部件组成。

6. 电源

PLC 配有开关电源，以供内部电路使用。与普通电源相比，PLC 电源的稳定性好、抗干扰能力强。对电网提供的电源稳定性要求不高。一般允许电源电压在其额定值±15%的范围内波动。值得注意的是，许多 PLC 还向外提供直流 24V 稳压电源，用于外部传感器供电。

7. 其他外部设备

除了以上所述的部件和设备外，PLC 还有许多外部设备，如 EPROM 写入器、外存储器、人/机接口装置等。这将在后文应用中再作介绍，在此不再赘述。

二、PLC 的软件组成

仅有硬件是不能构成 PLC 的，没有软件的 PLC 是什么事情也干不成的。PLC 的软件由系统监控程序和用户程序组成。

1. 系统监控程序

系统监控程序是一台 PLC 必须包括的部分，它是由 PLC 制造厂商设计编写的，并存入 PLC 的系统存储器中，用户不能直接读写与更改。系统监控程序分成系统管理程序、用户指令解释程序、标准程序模块或系统调用子程序模块。

2. 用户程序

用户程序是 PLC 的使用者利用 PLC 的编程语言，根据控制要求编制的程序。它是用梯形图或某种 PLC 指令的助记符编制而成的，可以是梯形图、指令表、高级语言、汇编语言等，其助记符形式随 PLC 型号的不同而略有不同。

（1）梯形图（Ladder Diagram）。梯形图基本上沿用电气控制图的形式，采用的符号也大致相同。如图 1-2-5（a）所示，梯形图的两侧平行竖线为母线，其间由许多触点和编程线圈组成逻辑行。应用梯形图进行编程时，只要按梯形图逻辑行顺序输入到计算机中，计算机就可自动将梯形图转换成 PLC 能接受的机器语言，存入并执行。

PLC 内部各类等效继电器的线圈和触点与继电器线圈和触点的图形符号比较如图 1-2-6 所示，其等效继电器的动作原理与常规继电器控制中动作原理完全一致。

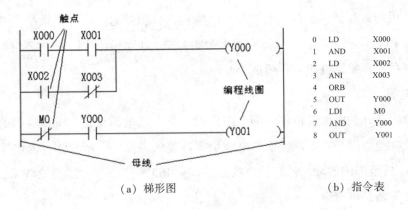

（a）梯形图   （b）指令表

图 1-2-5   梯形图和指令表

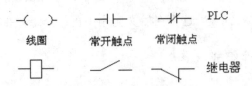

图 1-2-6   PLC 内部各类等效继电器的线圈和触点与继电器线圈和触点的图形符号

用 PLC 内部各类等效继电器线圈和触点的图形符号按照一定的原理构成的图形就叫梯形图。

从图 1-2-6 中可以看出，梯形图其实就是从继电器控制电路图变化过来的，因此梯形图形式上与继电器控制很相似，读图方法和习惯也相同。梯形图是用图形符号在图中的相互关系来表示控制逻辑的编程语言，并且梯形图通过连线，将许多功能强大的 PLC 指令的图形符号连在一起，以表达所调用的 PLC 指令及其前后顺序关系，是目前最常用的一种可编程控制器程序设计语言。

传统的继电器控制线路和所对应的梯形图如图 1-2-7 所示。

从图 1-2-7 中可看出，两幅图所表达的思想是一致的，但具体的表达方式又有一定的区别。PLC 梯形图使用的是内部继电器，定时/计数器等都是由软件来实现的，使用方便，修改灵活，是原继电器控制线路硬接线所无法比拟的。

所有梯形图都由左母线、右母线和逻辑行组成，每个逻辑行由各种等效继电器的触点串并联和线圈组成。画梯形图时必须遵守以下原则：

1）左母线只能直接接各类继电器的触点，继电器线圈不能直接接左母线。

2）右母线只能直接接各类继电器的线圈（不含输入继电器线圈），继电器的触

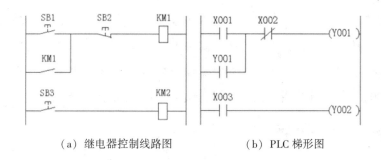

　　（a）继电器控制线路图　　　　　　（b）PLC 梯形图

图 1-2-7　继电器控制电路与 PLC 梯形图

点不能直接接右母线。

　　3）一般情况下，同一线圈的编号在梯形图中只能出现一次，而同一触点的编号在梯形图中可以重复出现。

　　4）梯形图中触点可以任意串联或并联，而线圈可以并联但不可以串联。

　　5）梯形图应该按照从左到右、从上到下的顺序画。

　　（2）指令表（Instruction List）。指令表类似于计算机汇编语言的形式，用指令的助记符来进行编程。它通过编程器按照指令表的指令顺序逐条写入 PLC 并可直接运行。指令表的助记符比较直观易懂，编程也简单，便于工程人员掌握，因此得到广泛的应用。但要注意不同厂家制造的 PLC，所使用的指令助记符有所不同，即对同一梯形图来说，用指令助记符写成的语句表也不同，如图 1-2-5（b）所示。

　　语句是指令语句表编程语言的基本单元，每个控制功能由一个或多个语句组成的程序来执行。每条语句规定可编程控制器中 CPU 如何动作的指令，PLC 的指令有基本指令和功能指令之分。指令语句表和梯形图之间存在唯一对应关系，如图 1-2-7 所示的梯形图对应的指令语句表如下：

步序	助记符	操作元件
0	LD	X001
1	OR	Y001
2	ANI	X002
3	OUT	Y001
4	LD	X003
5	OUT	Y002
6	END	

上面所给出的每一条指令都属于基本指令。基本指令一般由助记符和操作元件组成，助记符是每一条基本指令的符号（如 LD、OR、ANI、OUT 和 END），它表明了操作功能；操作元件是基本指令的操作对象（如 X000、X001、Y000，简写成 X0、X1、Y0）。某些基本指令仅由助记符组成，如 END 指令。

三、PLC 的工作原理

PLC 用户程序的执行采用的是循环扫描工作方式。即 PLC 对用户程序逐条顺序执行，直至程序结束，然后再从头开始扫描，周而复始，直至停止执行用户程序。PLC 有两种基本的工作模式，即运行（RUN）模式和停止（STOP）模式，如图 1-2-8 所示。

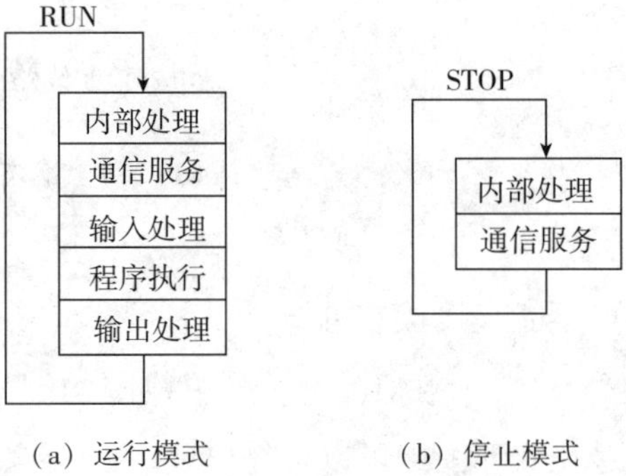

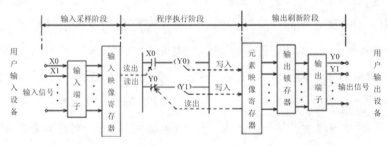

图 1-2-8　PLC 基本的工作模式

1. 运行模式

在运行模式下 PLC 对用户程序的循环扫描过程，一般分为三个阶段进行，即输入采样阶段、程序执行阶段和输出刷新阶段，如图 1-2-9 所示。

图 1-2-9　PLC 执行程序过程示意图

（1）输入采样阶段。PLC 在此阶段，以扫描方式顺序读入所有输入端子的状态，即接通/断开（ON 或 OFF），并将其状态存入输入映像寄存器。接下来是转入程序执行阶段，在程序执行期间，即使输入状态发生变化，输入映像寄存器的内容也不会变化，输入状态的变化只能在下一个扫描周期的输入采样阶段才被读入刷新。

（2）程序执行阶段。在程序执行阶段，PLC 对程序按顺序进行扫描。如果程序用梯形图表示，则总是按先上后下、向左向右的顺序进行扫描。每扫描一条指令时，所需的输入状态或其他元素的状态分别由输入映像寄存器和元素映像寄存器中读出，然后进行逻辑运算，并将运算结果写入到元素映像寄存器中。也就是说程序执行过程中，元素映像寄存器内元素的状态可以被后面将要执行到的程序所应用，它所寄存的内容也会随程序执行的进程而变化。

（3）输出刷新阶段。输出刷新阶段又称输出处理阶段。在此阶段，PLC 将元素映像寄存器中所有输出继电器的状态即接通/断开，转存到输出锁存电路，再驱动被控对象（负载），这就是 PLC 的实际输出。

PLC 重复地执行上述三个阶段，这三个阶段也是分时完成的。为了连续地完成 PLC 所承担的工作，系统必须周而复始地依一定的顺序完成这一系列的具体工作。这种工作方式叫作循环扫描工作方式。PLC 执行一次扫描操作所需的时间称为扫描周期，其典型值为 1~100ms。一般来说，一个扫描过程中，执行指令的时间占了绝大部分。

2. 停止模式

在停止模式下，PLC 只进行内部处理和通信服务工作。在内部处理阶段，PLC 检查 CPU 模块内部的硬件是否正常，进行监控定时器复位工作。在通信服务阶段，PLC 与其他的带 CPU 的智能装置通信。

由于 PLC 采用循环扫描工作方式，即对信息采用串行处理方式，必然会带来输入/输出的响应滞后问题。

输入/输出滞后时间又称系统响应时间，是指从 PLC 外部输入信号发生变化的时刻起至它控制的有关外部输出信号发生变化的时刻止之间的时间间隔。它由输入电路的滤波时间、输出模块的滞后时间和扫描工作方式产生的滞后时间三部分组成。

（1）输入模块的 RC 滤波电路用来滤除由输入端引入的干扰噪声，消除因外接输入触点动作时产生抖动引起的不良影响。滤波时间常数决定了输入滤波时间的长短，其典型值为 10ms。

（2）输出模块的滞后时间与模块开关元件的类型有关，继电器型为 10ms；晶体管型一般小于 1ms；双向晶闸管型在负载通电时的滞后时间约为 1ms；负载由通电到断电时的最大滞后时间约为 10ms。

（3）由扫描工作方式产生的滞后时间最长可达两个多扫描周期。

输入/输出滞后时间对于一般工业设备是完全允许的，但对于某些需要输出对输入做出快速响应的工业现场，可以采用快速响应模块、高速计数器模块以及中断处理等措施来尽量减小响应。

四、PLC 控制系统与继电—接触器逻辑控制系统的比较

以模块二之任务一"三相异步电动机单方向连续运行控制系统设计与装调"为例，将 PLC 控制系统与继电—接触器逻辑控制系统进行比较，两种控制系统的不同点主要表现在以下几个方面：

1. 组成的器件不同

继电—接触器逻辑控制系统是由许多硬件继电器和接触器组成的，而 PLC 则是由许多"软继电器"组成。传统的继电—接触器控制系统本来有很强的抗干扰能力，但其用了大量的机械触点，因物理性能疲劳、尘埃的隔离性及电弧的影响，系统可靠性大大降低。如图 1-2-10 所示的继电—接触器逻辑控制系统实现电动机的单方向连续运行，就是通过接触器 KM 的一副辅助常开触点实现自保的，一旦触点变形或受尘埃的隔离及电弧的影响，造成接触不良，将会影响电动机的正常运行。而 PLC 采用无机械触点的逻辑运算微电子技术，复杂的控制由 PLC 内部运算器完成，故寿命长、可靠性高。

2. 触点的数量不同

继电器和接触器的触点数较少，一般只有 4~8 对，而 PLC 内部的"软继电器"可供编程的触点数有无限对。

3. 控制方式不同

从图 1-2-10 中可知，其逻辑控制系统是通过元件之间的硬件接线来实现的，当按下启动按钮 SB2 后，SB2 的常开触点闭合，使接触器 KM 线圈获电铁芯吸合，KM 辅助常开触点闭合，松开启动按钮 SB2，接触器 KM 线圈通过自己的辅助常开触点实现自锁；当按下停止按钮 SB1 时，SB1 常闭触点切断接触器 KM 线圈回路，接触器 KM 线圈失电铁芯释放，KM 辅助常开触点复位断开，松开停止按钮 SB1 后，接触器 KM 线圈处于断电状态；从整个控制过程可以看到接触器 KM 的控制功能就固定在线路中；在这种控制系统中，要实现不同的控制要求必须通过改变控制电路的接线，才能实现功能的转换。如想将本线路的控制功能改成断续（点动）控制，必须将 KM 辅助常开触点和与其连接的 2 号线、3 号线拆除，才可实现。

PLC 控制系统与继电—接触器逻辑控制系统有着本质的区别，它是通过软件编程来实现控制功能的，即它通过输入端子接收外部输入信号，接内部输入继电器；输出继电器的触点接到 PLC 的输出端子上，由事先编好的程序（梯形图）驱动，通

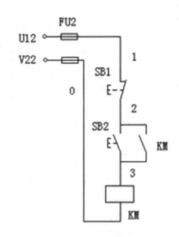

图 1-2-10　继电—接触器逻辑控制系统实现电动机单方向连续运行控制线路

过输出继电器触点的通断，实现对负载的功能控制。

　　从图 1-2-11 中可以看出，按下启动按钮 SB2 后，内部输入继电器 X1 的等效线圈接通（ON），在程序（梯形图）中的 X1 的常开触点接通（ON），驱动内部输出继电器 Y0 工作，与输出端子相连的 Y0 常开触点接通（ON），使与输出端子相连的接触器 KM 获电动作；与此同时在程序（梯形图）中的 Y0 常开触点接通（ON）；当松开启动按钮 SB2 后，内部输入继电器 X1 的等效线圈失电（OFF），内部输出继电器 Y0 通过自己的常开触点保持得电，保证接触器 KM 线圈继续保持得电，起到类似接触器自锁的作用。

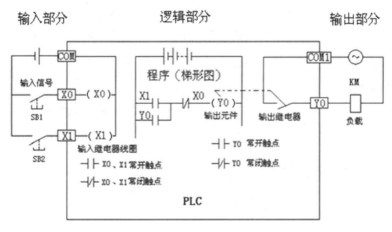

图 1-2-11　电动机单方向连续运行控制的 PLC 控制系统

　　需要停止时，按下停止按钮 SB1，内部输入继电器 X0 的等效线圈接通（ON），在程序（梯形图）中的 X0 的常闭触点断开（ON），驱动内部输出继电器 Y0 停止工作，与输出端子相连的 Y0 常开触点断开（OFF），使与输出端子相连的接触器 KM 失电；与此同时在程序（梯形图）中的 Y0 常开触点断开（OFF）；当松开停止按钮 SB1 后，内部输入继电器 X0 的等效线圈失电（OFF），X0 的常闭触点复位（OFF）。

从上述控制过程中可以看到，PLC 控制系统实现电动机单方向连续运行，主要是通过 PLC 的程序（梯形图）来驱动，如想将本线路的控制功能改成断续（点动）控制，只需修改原来程序，外部接线不用改变即可实现，如去掉原程序（梯形图）中并联的 Y0 常开触点程序（OR Y0）就可实现。因此，PLC 控制系统具有只要改变控制程序，就可改变功能控制的灵活特点。

4. 工作方式不同

在继电—接触器逻辑控制系统中，当电源接通时，线路中各继电器都处于受制约状态。在 PLC 中，各"软继电器"都处于周期性循环扫描接通中，每个"软继电器"受制约接通的时间是短暂的。

 任务实施

一、FX2N 系列 PLC 硬件的识别与安装

PLC 是一种新型的通用自动化控制装置，它有许多优点，尽管可编程控制器在设计制造时已采取了很多措施，对工业环境比较适应，但是工业生产现场的工作环境较为恶劣，为确保可编程控制器控制系统稳定可靠，还是应当尽量使可编程控制器有良好的工作环境条件，并采取必要抗干扰措施。

1. 安装环境

为保证 PLC 工作的可靠性，尽可能地延长其使用寿命，在安装时一定要注意周围的环境，其安装场合应该满足以下几点：

（1）环境温度在 0~55℃。

（2）环境相对湿度应在 35%~85%。

（3）周围无易燃和腐蚀性气体。

（4）周围无过量的灰尘和金属微粒。

（5）避免过度的震动和冲击。

（6）不能受太阳光的直接照射或水的溅射。

提 示

除满足以上环境条件外，安装时还应注意以下几点：

（1）PLC 的所有单元必须在断电时安装和拆卸。

（2）为防止静电对 PLC 组件的影响，在接触 PLC 前，先用手接触某一接地的金属物体，以释放人体所带静电。

（3）注意 PLC 机体周围的通风和散热条件，切勿使导线头、铁屑等杂物通过通风窗落入机体内。

2. PLC 系统的安装

PLC 的安装固定常有两种方式：一是直接利用机箱上的安装孔，用螺钉将机箱固定在控制柜的背板或面板上；二是利用 DIN 导轨安装，这需先将 DIN 导轨固定好，再将 PLC 及各种扩展单元卡上 DIN 导轨。FX2N 机及扩展设备在 DIN 导轨上的安装情况如图 1-2-12 所示。

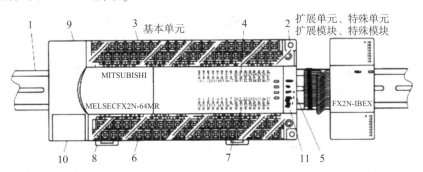

图 1-2-12　FX2N 机及扩展设备在 DIN 导轨上安装

1—35mm 宽的 DIN 导轨；2—安装孔（32 点以下 2 个，以上 4 个）；3—电源、辅助电源输入信号用装卸式端子台；4—输入口指示灯；5—扩展单元、特殊单元、特殊模块接线插座盖板；6—输出用装卸式端子台；7—输出口指示灯；8—DIN 导轨装卸卡子；9—面板盖；10—外转设备接线插座盖板；11—电源、运行指示灯

二、认识 FX 系列 PLC 的输入/输出接点及公共端子

FX 系列 PLC 基本单元面板平面如图 1-2-13 所示。

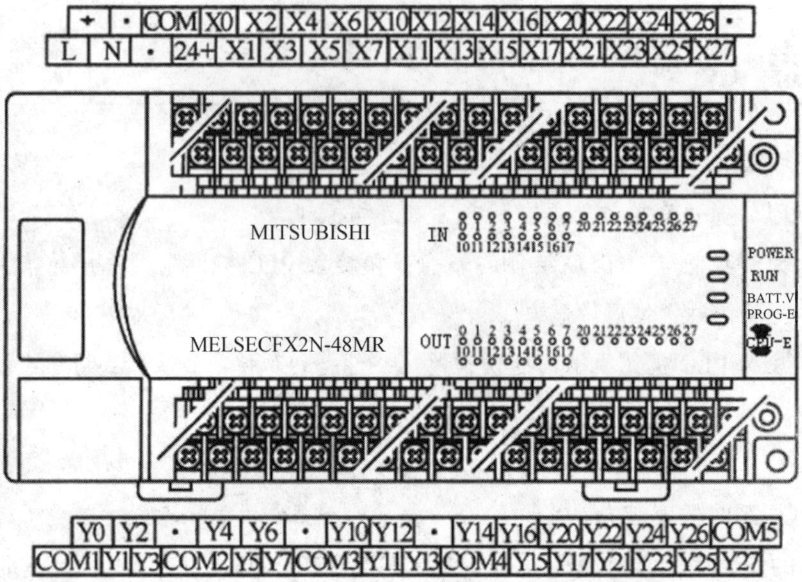

图 1-2-13　FX 系列 PLC 基本单元面板平面图

1. 中型号 FX2N-48MR 的意义

（1）"FX2N"表示系列名称。除此之外，还有 FX0S、FX0N、FX1S、FX1N 等。

（2）"48"表示输入、输出总点数：24 点输入，24 点输出。范围是：4～128 点。

（3）"M"表示基本单元。

（4）"R"表示继电器输出。

2. 输入、输出端子的标号

输入、输出端子的标号都标注在端子上，为了清晰地看出这些标号，可以用如图 1-2-13 所示的平面图来反映。

（1）图中有输入端（X）和输出端（Y）。

（2）在输入端侧，L、N 是外接 220V 电源，L 接相线，N 接中性线，作为 PLC 的工作电源。

（3）24+端子一般用于连接传感器用。严禁在 24+端子供电。

（4）无源开关量接在 X0、X1、…、X27 接线柱与 COM 之间。

（5）图中"·"为空接线端子，千万不要在空接线端子接线。

（6）在输出端子侧，分成若干区，每个区有一个公共端。

例如，FX2N-48MR 的接线如下：

Y0、Y1、Y2、Y3 组成一个接线区，COM1 是它们的公共端。Y4、Y5、Y6、Y7 组成一个接线区，COM2 是它们的公共端。Y10、Y11、Y12、Y13 组成一个接线区，COM3 是它们的公共端。Y14、Y15、Y16、Y17 组成一个接线区，COM4 是它们的公共端。Y20、Y21、Y22、Y23、Y24、Y25、Y26、Y27 组成一个接线区，COM5 是它们的公共端。

各接线区可以使用不同的电源。当不同区的接线端子使用同一外接负载电源时，其公共端 COM 应连接在一起。

（7）面板中间有输入和输出信号的指示灯：IN 右边有 24 个小指示灯表示输入信号动作；OUT 右边有 24 个小指示灯表示输出信号动作。

（8）面板右面还有动作指示灯：

1）POWEN 表示电源指示灯；

2）RUN 表示运行指示灯；

3）BATT. V 表示电池电压下降指示灯；

4）PROG-E 表示程序出错指示灯，程序出错时此指示灯闪烁；

5）CPU-E 表示 CPU 出错指示灯，CPU 出错时此指示灯亮。

（9）面板的左下角有一盖板，打开盖板后右边有一个插座，这是 PLC 与计算机对话的接口，也就是传输线的接口。

（10）通过面板，PLC 的基本单元可以用连接电缆与计算机、扩展模块、扩展单元以及特殊模块相连接。

三、FX2N 系列 PLC 的接线

PLC 在工作前必须正确地接入控制系统，与 PLC 连接的主要有 PLC 的电源接线，输入、输出器件的接线、通信线和接地线等。

1. 电源接线

PLC 基本单元的供电通常有两种情况：一是直接使用工频交流电，通过交流输入端子连接，对电压的要求比较宽松，100～250V 均可使用。二是采用外部直流开关电源供电，一般配有直流 24V 输入端子。采用交流供电的 PLC，机内自带直流 24V 内部电源，为输入器件及扩展模块供电。FX2N 系列 PLC 大多为 AC 电源，DC 输入形式。FX2N-48M 的 AC 电源、DC 输入型机电源配线原理如图 1-2-14 所示。

FX2N-48M 的输入端子排及电源接线图如图 1-2-15 所示，上部端子排中标有 L 及 N 的接线位为交流电源相线及中线的接入点。

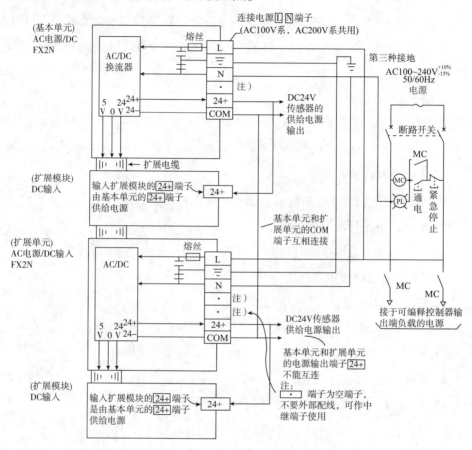

图 1-2-14　AC 电源、DC 输入型机电源接线原理

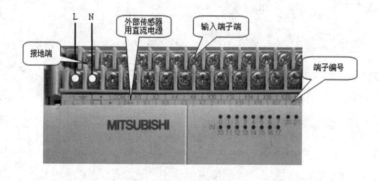

图 1-2-15　FX2N-48M 的输入端子排及电源接线

提 示

在进行电源接线时还要注意以下几点：

（1）FX 系列 PLC 必须在所有外部设备通电后才能开始工作。为保证这一点，可采取下面的措施：①所有外部设备都上电后再将方式选择开关由"STOP"方式设置为"RUN"方式；②将 FX 系列 PLC 编程设置为在外部设备未上电前不进行输入、输出操作。

（2）当控制单元与其他单元相接时，各单元的电源线连接应能同时接通和断开。

（3）当电源瞬间掉电时间小于 10ms 时，不影响 PLC 的正常工作。

（4）为避免因失常而引起的系统瘫痪或发生无法补救的重大事故，应增加紧急停车电路。

（5）当需要控制两个相反的动作时，应在 PLC 和控制设备之间加互锁电路。

2. 控制单元输入端子接线

PLC 的输入口连接输入信号，器件主要有开关、按钮及各种传感器，这些都是触点类型的器件。在接入 PLC 时，每个触点的两个接头分别连接一个输入点及输入公共端。由图 1-2-12 可知 PLC 的开关量输入接线点都是螺钉接入方式，每一个信号占用一个端子。图 1-2-12 中上部为输入端子，COM 端为公共端，输入公共端在某些 PLC 中是分组隔离的，在 FX2N 机中是连通的。开关、按钮等器件都是无源器件，PLC 内部电源能为每个输入点提供大约 7mA 工作电流，这也就限制了线路的长度。有源传感器在接入时必须注意与机内电源的极性配合。模拟量信号的输入须采用专用的模拟量工作单元。图 1-2-16 为输入器件接线图。

FX 系列的控制单元输入端子板为两头带螺钉的可拆卸板，外部开关设备与 PLC 之间的输入信号均通过输入端子进行连接。在进行输入端子接线时，应注意以下几点：

（1）输入线尽可能远离输出线、高压线及电机等干扰源。

（2）不能将输入设备连接到带"·"端子上。

（3）交流型 PLC 的内藏式直流电源输出可用于输入；直流型 PLC 的直流电源

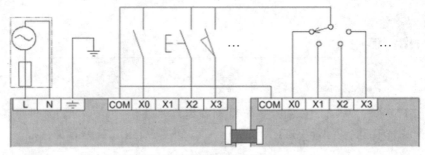

（a）三菱FX2NPLC输入信号接线方式

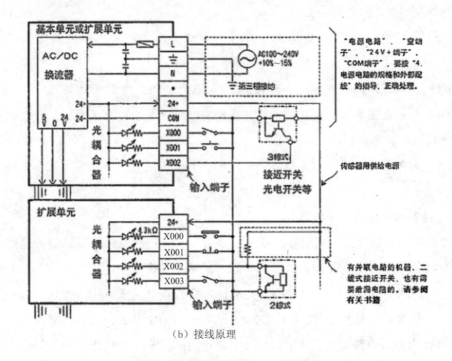

（b）接线原理

图1-2-16 输入器件接线图

输出功率不够时，可使用外接电源。

（4）切勿将外接电源加到交流型 PLC 的内藏式直流电源的输出端子上。

（5）切勿将用于输入的电源并联在一起，更不可将这些电源并联到其他电源上。

3. 接地线的接入

良好的接地是保证 PLC 正常工作的必要条件。在接地时要注意以下几点：

（1）PLC 的接地线应为专用接地线，其直径应在 2mm 以上。

（2）接地电阻应小于 100Ω。

（3）PLC 的接地线不能和其他设备共用，更不能将其接到一个建筑物的大型金属结构上。

（4）PLC 的各单元的接地线相连。

4. 控制单元输出端子接线

PLC 输出口上连接的器件主要是继电器、接触器、电磁阀等线圈。这些器件均采用 PLC 机外的专用电源供电，PLC 内部不过是提供一组开关接点。接入时，线圈的一端接 PLC 输出端子，线圈的另一端经电源接 PLC 输出公共端 COM，如图 1-2-12 中下部为输出端子，由于输出口连接线圈种类多，所需的电源种类及电压不同，输出口公共端常分为许多组，而且组间是隔离的。三菱 FX2N PLC 输出接线如图 1-2-17所示，图中继电器 KA1、KA2 和接触器 KM1、KM2 线圈为 AC220V 电源，电磁阀 YV1、YV2 为 DC24V 电源，这样电磁阀与继电器、接触器便不能分在一组。而继电器、接触器为相同电压类型和等级，可以分在一组。如果一组安排不下，可以分在两组或多组，但这些组的公共端要连在一起。

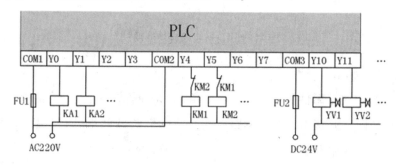

图 1-2-17　三菱 FX2NPLC 输出信号接线方式

PLC 输出端子的电流定额一般为 2A，大电流的执行器件必须通过中间继电器来驱动。输出器件为继电器时输出器件的接线原理如图 1-2-18 所示。

FX 系列控制单元输出端子板为两头带螺钉的可拆卸板，PLC 与输出设备之间的输出信号均通过输出端子进行连接。在进行输出端子接线时，应注意以下几点：

（1）输出线尽可能远离高压线和动力线等干扰源。

（2）不能将输出设备连接到带"·"端子上。

（3）各"COM"端均为独立的，故各输出端既可独立输出，又可采用公共并接方式输出。当各负载使用不同电压时，采用独立输出方式；而各个负载使用相同电压时，可采用公共输出方式。

（4）当多个负载连到同一电源上时，应使用型号为 AFP1803 的短路片将它们的

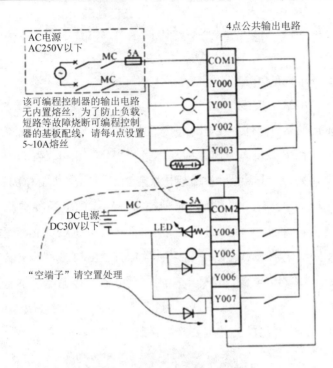

4点公共输出电路

AC电源
AC250V以下

该可编程控制器的输出电路
无内置熔丝，为了防止负载
短路等故障烧断可编程控制
器的基板配线，请每4点设置
5~10A熔丝

DC电源
DC30V以下

"空端子"请空置处理

图 1-2-18 输出器件接线原理

"COM"端短接起来。

（5）若输出端接感性负载时，需根据负载的不同情况接入相应的保护电路。在交流感性负载两端并接 RC 串联电路；在直流感性负载两端并接二极管保护电路；在带低电流负载的输出端并接一个泄放电阻以避免漏电流的干扰。以上保护器件应安装在距离负载 50cm 以内。

（6）在 PLC 内部输出电路中没有保险丝，为防止因负载短路而造成输出短路，应在外部输出电路中安装熔断器或设计紧急停车电路。

四、FX2N 系列 PLC 硬件的接线练习

教师将事先编好的程序，分别下载到继电器输出型和晶体管输出型的 PLC 中，指导学生进行不同类型 PLC 的输入端和输出端的接线训练。

 提 示

（1）在进行三线制 NPN 型传感器开关（接近开关）的输入端接线安装时，不

能将电源线和输出线接反，否则将无法使输入端获取信号，这是因为三线制 NPN 型接近开关输出的是低电平，如果接反了将无法使输入端获取接近开关输出的输入信号，如图 1-2-19 所示。

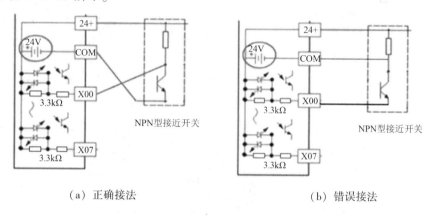

（a）正确接法   （b）错误接法

图 1-2-19 三线制 NPN 型传感器开关（接近开关）的输入端接线

（2）在进行晶体管输出型 PLC 的输出端接线安装时，不能将交流电源接入，否则将导致 PLC 输出端的内部电路损坏，严重时会损坏 PLC。另外，接线时不能将直流电源的极性接反，否则将导致直流负载无法驱动。其正确的接法如图 1-2-20 所示。

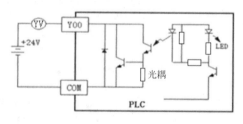

图 1-2-20 晶体管输出型 PLC 的输出端接线

 任务测评

对任务实施的完成情况进行检查，并将结果填入表 1-2-2 中。

表 1-2-2　评分标准

序号	主要内容	考核要求	评分标准	配分	扣分	得分
1	绘制 PLC 接线图	能正确绘制 PLC 的 I/O 接线图	（1）接线图绘制正确，每错一项扣 10 分 （2）图形符号和文字符号表述正确，每错一项扣 1 分	50		
2	根据接线图进行线路安装	熟练、正确地进行 PLC 输入、输出端的接线；并进行模拟调试	（1）不会接线的扣 50 分 （2）接线正确，每接错 1 根线扣 10 分 （3）仿真试车不成功扣 30 分	50		
3	安全文明生产	劳动保护用品穿戴整齐；电工工具佩带齐全；遵守操作规程；讲文明礼貌；操作结束要清理现场	（1）操作中，违犯安全文明生产考核要求的任何一项扣 5 分，扣完为止 （2）当发现有重大事故隐患时，要立即予以制止，并每次扣安全文明生产总分 5 分	10		
合计						
开始时间：			结束时间：			

任务三　PLC 软件的安装及使用

学习目标

知识目标：

（1）了解 GX-Developer 编程软件和仿真软件的主要功能。

（2）熟悉 GX-Developer 编程软件和仿真软件的画面。

能力目标：

（1）掌握微机环境下对 GX-Developer 编程软件和仿真软件的安装方法和步骤。

（2）能使用 GX-Developer 编程软件进行简单编程，并用微机对 PLC 进行调试和监控。

工作任务

不同机型的 PLC，具有不同的编程语言。常用的编程语言有梯形图、指令表、控制系统流程图三种。三菱 FX 系列的 PLC 也不例外，其编程的主要手段有手持式简易编程器、便携式图形编程器和微型计算机等。三菱 FX 系列 PLC 还有一些编程开发软件，如 GX 开发器。它可以用于生成涵盖所有三菱 PLC 设备的软件包，使用该软件可以为 FX、A 等系列 PLC 生成程序。这些程序可在 Windows 操作系统上运行，便于操作和维护，可以用梯形图、语句表等进行编程，程序兼容性强。GX-Developer 编程软件包是一个专门用来开发 FX 系列 PLC 程序的软件包，它可用梯形图、指令表和顺序功能图来写入和编辑程序，并能进行各种编程方式的互换，它运用于 Windows 操作系统，这对于调试操作和维护操作来说可以提高工作效率，并具有较强的兼容性。本次任务的主要内容是 GX-Developer 编程软件包的安装和使用。

 任务准备

实施本任务所使用的实训设备及工具材料如表 1-3-1 所示。

表 1-3-1　实训设备及工具材料

序号	分类	名称	型号规格	数量	单位	备注
1	工具	电工常用工具		1	套	
2	仪表	万用表	MF47 型	1	块	
3	设备器材	编程计算机	要求机型：IBM PC/AT（兼容）；CPU：486 以上；内存：8 兆或更高（推荐 16 兆以上）；显示器：分辨率为 800×600 点，16 色或更高	1	台	
4		接口单元	采用 FX-232AWC 型 RS-232/RS-422 转换器（便携式）或 FX-232AW 型 RS-232C/RS-422 转换器（内置式），以及其他指定的转换器	1	套	

续表

序号	分类	名称	型号规格	数量	单位	备注
5	设备器材	通信电缆	FX-422CAB 型 RS-422 缆线（用于 FX2，FX2C 型 PLC，0.3m）或 FX-422CAB-150 型 RS-422 缆线（用于 FX2，FX2C 型 PLC，1.5m），以及其他指定的缆线	1	条	
		编程及仿真软件	GX-Developer Ver. 8 GX-Simulator	1	套	
6		可编程序控制器	FX2N-48MR	1	台	
7		安装配电盘	600mm×900mm	1	块	
8		导轨	C45	0.3	米	
9		空气断路器	Multi9 C65N D20	1	只	
10		熔断器	RT28-32	6	只	
11		按钮	LA4-3H	1	只	
12		接触器	CJ10-10 或 CJT1-10	1	只	
13		接线端子	D-20	20	只	
14	消耗材料	铜塑线	BV1/1.37mm²	10	米	主电路
15		铜塑线	BV1/1.13mm²	15	米	控制电路
16		软线	BVR7/0.75mm²	10	米	
17		紧固件	M4×20 螺杆	若干	只	
18			M4×12 螺杆	若干	只	
19			φ4 平垫圈	若干	只	
20			φ4 弹簧垫圈及 φ4 螺母	若干	只	
21		号码管		若干	米	
22		号码笔		1	支	

 相关理论

三菱 GX-Developer Ver. 8 编程软件概述

三菱 GX-Developer Ver. 8 编程软件是三菱公司设计的 Windows 环境下使用的 PLC 编程软件，它能够完成 Q 系列、QnA 系列、A 系列（包括运动 CPU）、FX 系列

PLC 梯形图、指令表、SFC 等的编程，支持当前所有三菱系列 PLC 的软件编程。

该软件简单易学，具有丰富的工具箱和直观形象的视窗界面。编程时，既可用键盘操作，也可以用鼠标操作；操作时可联机编程；该软件还可以对以太网、MELSECNET/10（H）、CC-Link 等网络进行参数设定，具有完善的诊断功能，能方便地实现网络监控，程序的上传、下载不仅可通过 CPU 模块直接连接完成，也可以通过网络系统［如以太网、MELSECNET/10（H）、CC-Link、电话线等］完成。下面以三菱 FX 系列（FX2N）PLC 为例，介绍该软件的主要功能及使用方法。

1. GX-Developer Ver. 8 编程软件的主要功能

GX-Developer Ver. 8 编程软件的功能十分强大，集成了项目管理、程序键入、编译链接、模拟仿真和程序调试等功能，其主要功能如下：

（1）在 GX-Developer Ver. 8 编程软件中，可通过线路符号，列表语言及 SFC 符号来创建 PLC 程序，建立注释数据及设置寄存器数据。

（2）创建 PLC 程序以及将其存储为文件，用打印机打印。

（3）该程序可在串行系统中与 PLC 进行通信，文件传送，操作监控以及各种测试功能。

（4）该程序可脱离 PLC 进行仿真调试。

2. 系统配置

（1）计算机。要求机型：IBM PC/AT（兼容）；CPU：486 以上；内存：8 兆或更高（推荐 16 兆以上）；显示器：分辨率为 800×600 点，16 色或更高。

（2）接口单元。采用 FX-232AWC 型 RS-232/RS-422 转换器（便携式）或 FX-232AW 型 RS-232C/RS-422 转换器（内置式），以及其他指定的转换器。

（3）通信电缆。FX-422CAB 型 RS-422 缆线（用于 FX2，FX2C 型 PLC，0.3m）或 FX-422CAB-150 型 RS-422 缆线（用于 FX2，FX2C 型 PLC，1.5m），以及其他指定的缆线。

3. GX-Developer Ver. 8 编程软件的操作界面

GX-Developer Ver. 8 软件打开后，会出现如图 1-3-1 所示的操作界面。其操作界面主要由项目标题栏（状态栏）、下拉菜单（主菜单栏）、快捷工具栏、编辑窗口、管理窗口等部分组成。在调试模式下，还可打开远程运行窗口、数据监视窗口等。

（1）菜单栏。GX-Developer Ver. 8 的下拉菜单（主菜单栏）包含工程、编辑、

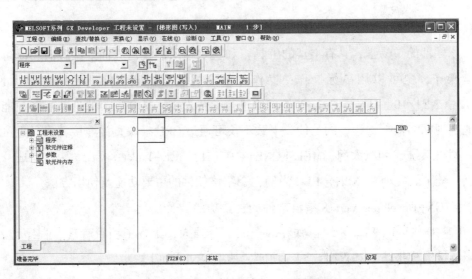

图 1-3-1 GX-Developer Ver. 8 软件操作界面

查找/替换、变换、显示、在线、诊断、工具、窗口、帮助 10 个下拉菜单，每个菜单又有若干个菜单项，如图 1-3-2 所示。

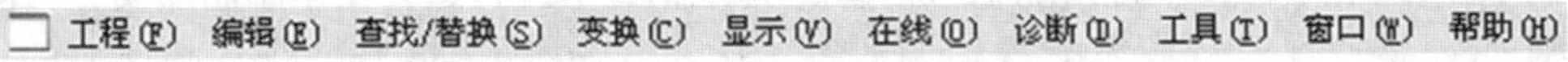

图 1-3-2 菜单栏

（2）工具栏。工具栏中有"标准"工具条、"梯形图符号"工具条、"工程数据切换"工具条、"工程参数列表切换"按钮、"梯形图标记"工具条、"程序"处理按钮和"SFC"编程按钮等，如图 1-3-3 所示。这些工具条或按钮的功能都在菜单栏中，为使用方便，放在工具栏中，作为快捷键。了解这些快捷键的作用，便于快速编程。

图 1-3-3 工具栏

1）"标准"工具条。

"工程做成"，新建一个 PLC 编程文件。

"打开工程"，打开已有的文件。

"工程保存"，保存现有的编辑文件。

"打印"，如果打印机已连接好，则打印现有的编辑文件。

"剪切"，剪切选定的内容并放在剪贴板上。

"复制"，复制选定的内容并放在剪贴板上。

"粘贴"，将剪贴板上的内容粘贴在以鼠标所在为起始点的位置。

"软元件查找"。

"指令查找"。

"字串符查找"。

"PLC 写入"，将编好的程序变换后写入 PLC 中，以便运行。

"PLC 读取"，将 PLC 中的程序读出来放在计算机中，以便检查或修改。

"软元件登录监视"。

"软元件成批监视"。

"软元件测试"。

"参数检查"。

2）"工程数据切换"、"注释"等工具条。可在程序、参数、注释、编程元件内存这 4 个项目中切换。

3）"梯形图符号"工具条。

"常开触点"，单击此按钮或按 F5 输入常开触点。

"并联常开触点"，单击此按钮或按 ↑Shift + F5 输入常开触点。

"常闭触点"，单击此按钮或按 F6 输入常闭触点。

"并联常闭触点"，单击此按钮或按 ↑Shift + F6 输入常闭触点。

"线圈"，单击此按钮或按 F7 输入线圈。

"应用指令"，单击此按钮或按 F8 输入应用指令。

"画横线"，单击此按钮或按 F9 画横线。

"画竖线"，单击此按钮或按 ⬆ Shift + F9 画竖线。

"横线删除"，单击此按钮或按 Ctrl + F9 删除横线。

"竖线删除"，单击此按钮或按 Ctrl + F10 删除竖线。

"上升沿脉冲"，单击此按钮或按 ⬆ Shift + F7 输入上升沿脉冲。

"下降沿脉冲"，单击此按钮或按 ⬆ Shift + F8 输入下降沿脉冲。

"并联上升沿脉冲"，单击此按钮或按 Alt + F7 输入并联上升沿脉冲。

"并联下降沿脉冲"，单击此按钮或按 Alt + F8 输入并联下降沿脉冲。

"运算结果取反"，单击此按钮或按 Caps + F10 使运算结果取反。

"划线输入"，单击此按钮或按 F10 划线输入。

"划线删除"，单击此按钮或按 Alt + F9 将划线删除。

4）"程序"工具条。

"梯形图/列表显示切换"，即梯形图与指令表相互转换。

"读出模式"。

"写入模式"。

"监视模式"。

"监视（写入模式）"。

"注释编辑"。

"声明编辑"。

"注解项编辑"。

"梯形图登录监视"。

"触点线圈查找"。

"程序检查"。

"梯形图逻辑测试启动/结束"。

5）"SFC 符号"工具条。可对 SFC 程序进行块变换、块信息设置、排序、块监视操作。

6）工程参数列表。显示程序（MAIN）、软元件注释（COMMENT）、参数（PLC 参数）、软元件内存等内容，可实现这些项目的数据设定，如图 1-3-4 所示。

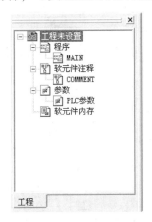

图 1-3-4　工程参数列表

![任务实施图标] **任务实施**

一、GX-Developer Ver. 8 中文编程软件的安装

在进行 PLC 上机编程设计前，必须先进行编程软件的安装。GX-Developer Ver. 8 软件中文编程软件的安装主要包括三部分：使用环境、编程软件和仿真软件。其安装的具体方法和步骤如下：

1. 使用环境的安装

在安装软件前，首先必须先安装使用（通用）环境，环境不安装的话，编程软件是无法正常安装使用的。其安装的具体方法及步骤如下：

（1）首先打开 GX-Developer Ver. 8 中文软件包，找到 EnvMEL 文件夹，并打开，如图 1-3-5 所示。然后找到使用环境安装图标 SETUP Setup Launcher InstallShield So. ，并双击图标，数秒后，会进入使用环境安装界面，如图 1-3-6 所示。

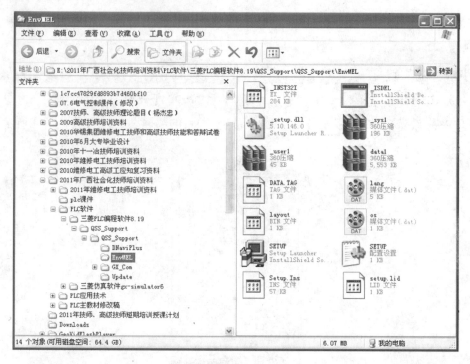

图 1-3-5 打开使用环境安装文件夹 EnvMEL 的界面

图 1-3-6 进入使用环境安装的界面

（2）单击画面"欢迎"对话框里的"下一个（N）>"图标，会出现如图 1-3-7所示的信息对话框。然后继续单击"信息对话框"里的"下一个（N）>"图标，会出现如图 1-3-8 所示的软件安装界面。

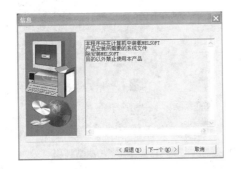

图 1-3-7　进入使用环境安装的信息界面

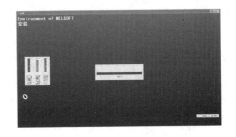

图 1-3-8　软件安装进行中的界面

（3）当软件自行安装完毕后，会自动出现"设置完成"的界面，如图 1-3-9 所示，此时只要单击界面对话框里的"结束"图标，就可完成使用环境的安装。

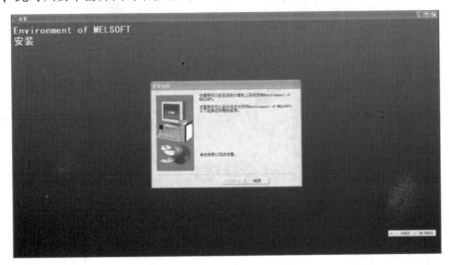

图 1-3-9　使用环境设置安装完成的界面

2. 编程软件的安装

当使用环境安装完后就可以实施软件的安装。在安装软件的过程中，会要求我们输入一个序列号，同样在安装过程中，还要对一些选项进行选择，当安装完编程软件后，再进行仿真软件的安装。具体方法及步骤如下：

（1）当使用环境安装完后，返回到前面打开的 GX-Developer Ver. 8 中文软件包，并打开"记事本"文档，可查看到安装序列号，如图 1-3-10 所示，并复制，以备安装使用。然后找到软件安装图标，并双击图标，数秒后，会进入软件安装界面，然后进行一步一步的安装，进入用户信息界面，如图 1-3-11 所示。

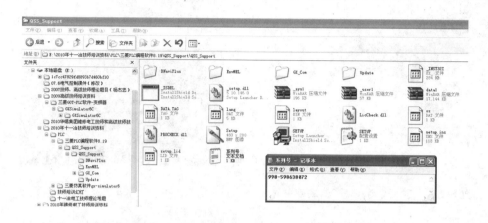

图 1-3-10　打开软件包中序列号的界面

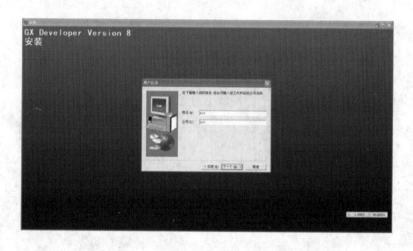

图 1-3-11　输入用户信息的界面

 提　示

在打开软件安装文件包进行软件安装时，其他三个文件夹，在安装的时候主安装程序会自动调用，不必管它。

（2）单击图 1-3-11 界面"用户信息"对话框里的"下一个（N）>"图标，会出现如图 1-3-12 所示的"注册确认"对话框，单击框里的"是（Y）"图标，将会出现"输入产品序列号"的对话框，然后输入产品序列号，如图 1-3-13 所示。

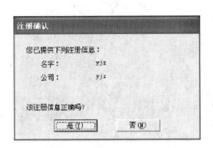

图 1-3-12　注册确认界面　　　　　图 1-3-13　输入产品序列号的界面

 提 示

　　在输入各种注册信息后，输入序列号。不同软件的序列号可能会不相同，序列号可以在下载后的压缩包里得到。

　　（3）软件安装的项目选择。单击图 1-3-13 界面里的"下一个（N）>"图标，会出现如图 1-3-14 所示的"选择部件"对话框。由于 ST 语言是在 IEC61131-3 规范中被规定的结构化文本语言，在此也可不作选择，直接单击界面里的"下一个（N）>"图标，会出现如图 1-3-15 所示的监视专用选择界面。

图 1-3-14　ST 语言选择界面　　　　　图 1-3-15　监视专用选择界面

 提 示

　　特别注意：安装选项中，每一个步骤都要仔细看，有的选项打钩了反而不利，如在"监视专用"选项中千万注意这里不能打钩，否则软件只能作监视用，将造成无法编程。同时这个地方也是软件安装过程中出现问题最多的地方。

（4）等待安装过程。当所有安装选项的选择部件确认完毕后，就会进入如图1-3-16所示的等待安装过程；直至出现如图1-3-17所示的"本产品安装完毕"对话框，软件才算安装完毕，然后单击对话框里的"确定"图标，结束编程软件的安装。

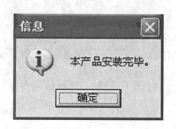

图1-3-16　软件等待安装过程界面　　　　图1-3-17　软件安装完毕界面

二、仿真软件的安装

当编程软件安装完毕后，就进行仿真软件的安装。安装仿真软件的目的是在没有PLC的情况下，编写完的程序的对错可以通过仿真软件来进行模拟测试。其安装方法及步骤如下：

1. 使用环境的安装

与编程软件的安装一样，在安装仿真软件时，也应首先进行使用环境的安装，否则将会造成仿真软件不能使用。其安装方法如下：

首先打开 GX-Simulator6中文软件包，找到 EnvMEL 文件夹，并打开，如图1-3-18所示；然后找到使用环境安装图标 SETUP Setup Launcher InstallShield So，并双击图标，首先出现如图1-3-19所示的界面；数秒后，会出现如图1-3-20所示的信息对话框界面，单击对话框里的"确定"图标，即可完成仿真软件使用环境的安装。

2. 仿真运行环境的安装

（1）当使用环境安装完后，返回到前面打开的 GX-Simulator6中文软件包，并打开"记事本"文档，可查看到安装序列号，如图1-3-21所示，并复制，以备安装使用。然后找到软件安装图标 SETUP Setup Launcher InstallShield So，并双击图标，会进入软件安装界面，如图1-3-22所示。数秒后，会进入如图1-3-23所示的界面。

图 1-3-18　打开仿真软件使用环境安装文件夹 EnvMEL 的界面

图 1-3-19　进入仿真软件使用环境安装的界面

图 1-3-20　仿真软件使用环境安装完毕的界面

图 1-3-21 打开仿真软件包中序列号的界面

图 1-3-22 进入仿真运行环境安装的界面一

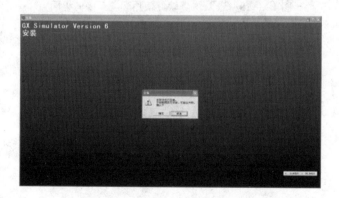

图 1-3-23 进入仿真运行环境安装的界面二

（2）单击图 1-3-23 中"安装"对话框里的"确定"图标，会弹出如图 1-3-24 所示的安装对话框。此时只要单击对话框里的"确定"图标，即可进入如图 1-3-25 所示的 SWnD5-LLT 程序设置安装界面。

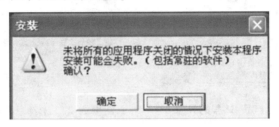

图 1-3-24　未关掉其他应用程序软件安装时会出现的界面

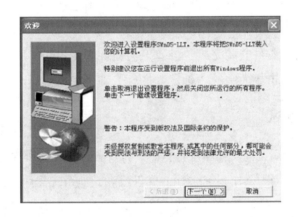

图 1-3-25　SWnD5-LLT 程序设置安装界面

 提 示

特别注意：在安装的时候，最好把其他应用程序关掉，包括杀毒软件，防火墙，IE，办公软件。因为这些软件可能会调用系统的其他文件，影响安装的正常进行。如图 1-3-24 所示就是未关掉其他应用程序会出现的界面，只要单击"确定"即可。

（3）单击图 1-3-25 中的"下一个（N）>"图标，会出现如图 1-3-11 所示的"用户信息"界面，只要输入用户信息后，并单击对话框里的"下一个（N）>"图标，会出现如图 1-3-12 所示的"注册确认"对话框，单击框里的"是（Y）"图标，将会出现"输入产品 ID 号"的对话框，然后输入产品序列号，如图 1-3-26 所示。

图 1-3-26　输入产品 ID 号的界面　　　图 1-3-27　选择目标位置对话框界面

（4）当输入完产品的序列号后，只要单击"输入产品 ID 号"的对话框里的
"下一个（N）>"图标，会出现如图 1-3-27 所示的选择目标位置界面。然后单击
对话框里的"下一个（N）>"图标，会出现类似如图 1-3-16 所示的软件等待安装
过程界面，数秒后，软件安装完毕，会弹出类似如图 1-3-17 所示的软件安装完毕
的界面，此时只要单击界面中的"确定"图标，即可完成仿真运行软件的安装。

三、软件的测试

当软件安装完毕后，应对程序进行检测。打开程序，测试程序是否正常，如果程
序不正常，有可能是因为操作系统的 DLL 文件或者其他系统文件丢失，一般程序会提
示是因为少了哪一个文件而造成的。在这样的情况下，有两种可能：一是本身的软件
有问题；二是安装过程有问题。如是后者重装就可以解决，具体测试过程如下：

1. 系统的启动与退出

（1）系统启动。要想启动 GX-Developer 软件，可用鼠标单击桌面的"开始/程
序"，选择"MELSOFT 应用程序→GX-Developer"选项，如图 1-3-28 所示。然后
用鼠标单击 GX Developer 选项，就会打开 GX-Developer 窗口，如图 1-3-29 所示。

（2）系统的退出。以鼠标选取"工程"菜单下的"关闭"命令，即可退出 GX-
Developer 系统。

2. 文件的管理

（1）创建新工程。在图 1-3-29 的 GX-Developer 窗口中，选择"工程"→"创建新
工程"菜单项，或者按"Ctrl+N"键操作，在出现的创建新工程对话框中 PLC 系列选择
"FXCPU"，PLC 类型选择 FX2N（C），程序类型选择"梯形图逻辑"，如图 1-3-30 所示；
单击"确定"，可显示如图 1-3-31 所示的编程窗口。如单击"取消"，则不建新工程。

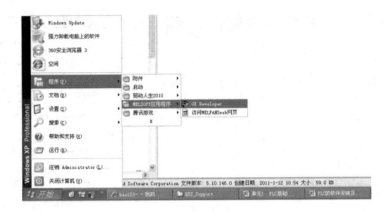

图 1-3-28 系统启动界面

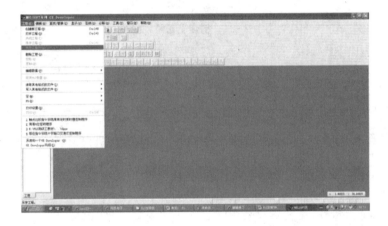

图 1-3-29 打开的 GX-Developer 窗口

图 1-3-30 创建新工程对话框

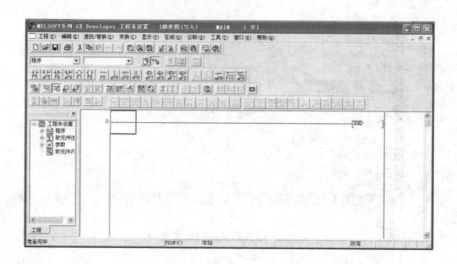

图 1-3-31　创建新工程对话框

 提　示

在创建新工程时，一定要弄清图 1-3-30 中各选项说明内容：

（1）PLC 系列：有 QCPU（Q 模式）系列、QCPU（A 模式）系列、QnA 系列、ACPU 系列、运动控制 CPU（SCPU）和 FXCPU 系列。

（2）PLC 类型：根据所选择的 PLC 系列，确定相应的 PLC 类型。

（3）程序类型：可选"梯形图逻辑"或"SFC"，当在 QCPU（Q 模式）中选择 SFC 时，MELSAP-L 亦可选择。

（4）标号设置：当无须制作标号程序时，选择"无标号"；制作标号程序时，选择"标号程序"；制作标号+FB 程序时，选择"标号+FB 程序"。

（5）生成和程序同名的软元件内存数据：新建工程时，生成和程序同名的软元件内存数据。

（6）工程名设置：工程名用作保存新建的数据，在生成工程前设定工程名，单击复选框选中；另外，工程名可于生成工程前或生成后设定，但是生成工程后设定工程名时，需要在"另存工程为…"中设定。

（7）驱动器/路径：在生成工程前设定工程名时可设定。

（8）工程名：在生成工程前设定工程名时可设定。

（9）标签：在生成工程前设定工程名时可设定。

（10）确定：所有设定完毕后单击本按钮。

另外，新建工程时还应注意以下几点：

（1）新建工程后，各个数据及数据名的表示如下所示。

程序：MAIN；注释：COMMENT（通用注释）；参数：PLC 参数、网络参数（限于 A 系列，QnA/Q 系列）。

（2）当生成复数的程序或同时启动复数的 GX-Developer 时，计算机的资源可能不够用而导致画面的显示不正常；此时应重新启动 GX-Developer 或者关闭其他的应用程序。

（3）当未指定驱动器/路径名（空白）就保存工程时，GX-Developer 可自动在默认值设定的驱动器/路径中保存工程。

（2）打开工程。所谓打开工程，就是读取已保存的工程文件，其操作步骤为：选择"工程"→"打开工程"菜单或按"Ctrl+O"键，在出现的如图 1-3-32 所示的打开工程对话框中，选择所存工程驱动器/路径和工程名，单击"打开"，进入编辑窗口；单击"取消"，重新选择。

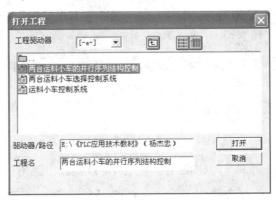

图 1-3-32　打开工程对话框

在图 1-3-32 中，选择"两台运料小车的并行序列结构控制"工程，单击打开后得到梯形图编辑窗口，这样即可编辑程序或与 PLC 进行通信等操作。

（3）文件的保存和关闭。保存当前 PLC 程序，注释数据以及其他在同一文件名下的数据。操作方法：执行"工程"→"保存工程"菜单操作或按"Ctrl+S"键操作即可。将已处于打开状态的 PLC 程序关闭，执行"工程"→"关闭工程"菜单操作即可。

提 示

在关闭工程时应注意：在未设定工程名或者正在编辑时选择"关闭工程"，将会弹出一个询问保存对话框，如图 1-3-33 所示。如果希望保存当前工程时应单击"是"图标，否则应单击"否"图标，如果需继续编辑工程应单击"取消"图标。

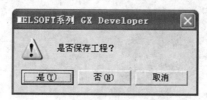

图 1-3-33 关闭工程时的询问保存对话框

（4）删除工程。将已保存在计算机中的工程文件删除，操作步骤如下：

1）选择"工程"→"删除工程"，弹出"删除工程"对话框。

2）单击将删除的文件名，按 Enter 键，或者单击"删除"；或者双击将删除的文件名，弹出删除确认对话框。单击"取消"，取消删除操作。

3）单击"是"，确认删除工程。单击"否"，返回上一对话框。

3. 编程操作

（1）梯形图表示画面时的限制事项。

1）在 1 个画面上表示梯形图 12 行（800×600 画面缩小率 50%）。

2）1 个梯形图块在 24 行以内制作，超出 24 行就会出现错误。

3）1 个梯形图的触点数是 11 个触点+1 个线圈。

4）注释文字表示如表 1-3-2 所示。

表 1-3-2 注释文字表示列表

注释文字	输入文字数	梯形图画面表示文字数
软元件注释	半角 32 字符（全角 16 文字）	8 文字×4 行
说明	半角 64 字符（全角 32 文字）	设定的文字部分全部表示
注解	半角 32 字符（全角 16 文字）	
机器名	半角 8 字符（全角 4 文字）	

（2）梯形图编辑画面时的限制事项。

1）1 个梯形图块的最大编辑是 24 行。

2）1 个梯形图块的编辑是 24 行，总梯形图块的行数最大为 48 行。

3）数据的剪切最大是 48 行，块单位最大是 124k 步。

4）数据的复制最大是 48 行，块单位最大是 124k 步。

5）读取模式的剪切、复制、粘贴等编辑不能进行。

6）主控操作（MC）的记号不能进行编辑，读取模式、监视模式时表示 MC 记号（写入模式时 MC 记号不表示）。

7）1 个梯形图块的步数必须在 4k 步以内，梯形图块中的 NOP 指令也包括在步数内，梯形图块和梯形图块间的 NOP 指令没有规定。

（3）输入梯形图程序。输入如图 1-3-34 所示的梯形图程序，操作方法及步骤如下：

图 1-3-34　输入的梯形图示例

1）新建一个工程，在菜单栏中选择"编辑"菜单→"写入模式"，如图 1-3-35 所示。在蓝线光标框处直接开始输入指令或单击 ⊣⊢ (F5)，根据图标，就会弹出"梯形图输入"对话框。然后在对话框的文本输入框中输入"LD X1"指令（LD 与 X1 之间需空格），或在有梯形图标记"⊣⊢"的文本框中输入"X1"，如图 1-3-36 所示；最后单击对话框中的"确定"图标或按 Enter 键，就会出现如图 1-3-37 所示的界面。

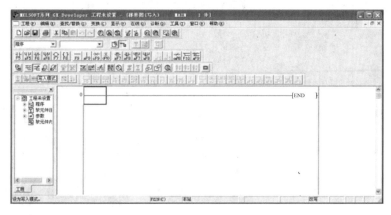

图 1-3-35　进入梯形图程序输入界面

(a) 指令输入画面

(b) 梯形图输入画面

图 1-3-36 梯形图及指令输入界面

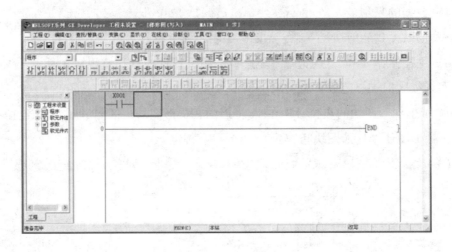

图 1-3-37 X001 输入完毕界面

2) 采用前述类似的方法输入"SET M1"指令（或在图标中选择 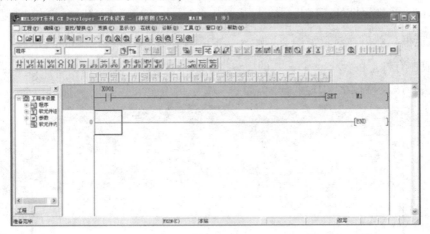，然后输入相应的指令），输入完毕后单击确定，可得到如图 1-3-38 所示的界面。

图 1-3-38 "SET M1"输入完毕界面

3) 再用上述方法输入"LD M1"和"OUT Y1"指令。输入指令后的程序窗口如图 1-3-39 所示。

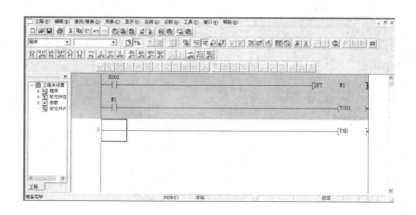

图 1-3-39 "LD M1" 和 "OUT Y1" 指令输入完毕界面

4）再在图 1-3-39 的蓝线光标框处直接输入 "OR Y1" 或单击相应的工具图标 ⁴⁴ sF5 并输入指令，确定后程序窗口中显示已输入完毕的梯形图，如图 1-3-40 所示。至此，完成了程序的创建。

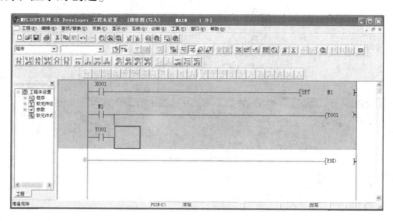

图 1-3-40 梯形图输入完毕界面

（4）编辑操作。当梯形图输入完毕后，可通过执行"编辑"菜单栏中指令，对输入的程序进行修改和检查，如图 1-3-41 所示。

（5）梯形图的转换及保存操作。编辑好的程序先通过执行"变换"菜单→"变换"操作或按 F4 键变换后，才能保存，如图 1-3-42 所示。在变换过程中显示梯形图变换信息，如果在不完成变换的情况下关闭梯形图窗口，新创建的梯形图将不被保存。本示例程序变换后的界面如图 1-3-43 所示。

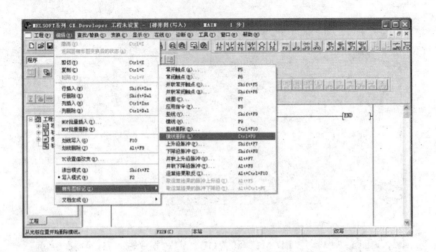

图 1-3-41　编辑操作

图 1-3-42　变换操作

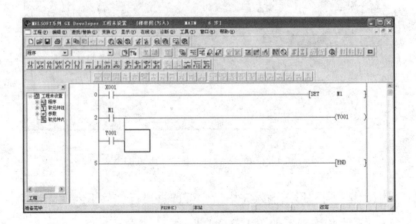

图 1-3-43　变换后的梯形图界面

（6）程序调试及运行。

1）程序的检查。执行"诊断"菜单→"诊断"命令，进行程序检查，如图 1-3-44所示。

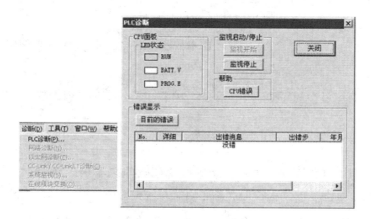

图 1-3-44　诊断操作

2）程序的写入。在 STOP 模式下，执行"在线"菜单→"PLC 写入"命令，出现 PLC 写入对话框，如图 1-3-45 所示，选择"参数+程序"，再按"执行"，成功将程序写入 PLC。

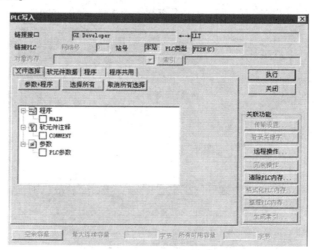

图 1-3-45　程序的写入操作

3）程序的读取。在 STOP 模式下，执行"在线"菜单→"PLC 读取"命令，将 PLC 的程序发送到计算机中。

 提　示

在传送程序时，应注意以下问题：

（1）计算机的 RS232C 端口及 PLC 之间必须用指定的缆线及转换器连接。

（2）PLC 必须在 STOP 模式下，才能执行程序传送。

（3）执行完"PLC 写入"后，PLC 中的程序将会丢失，原先的程序将被读入的程序所替代。

（4）在执行"PLC 读取"时，程序必须在 RAM 或 EE-PROM 内存保护关断的情况下读取。

4）程序的运行及监控：①运行。执行"在线"菜单→"远程操作"命令，将 PLC 设为 RUN 模式，程序运行，如图 1-3-46 所示。②监控。执行程序运行后，再执行"在线"菜单→"监视"命令，可对 PLC 的运行过程进行监控。结合控制程序，操作有关输入信号，观察输出状态，如图 1-3-47 所示。

图 1-3-46 运行操作

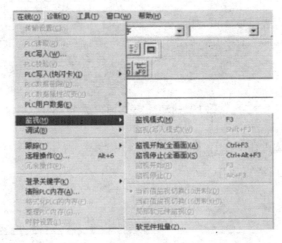

图 1-3-47 监控操作

5）程序的调试。程序运行过程中出现的错误一般有两种：①一般错误。运行的结果与设计的要求不一致，需要修改程序先执行"在线"菜单→"远程操作"命令，将 PLC 设为 STOP 模式，再执行"编辑"菜单→"写入模式"命令，再从程序读取开始执行（输入正确的程序），直到程序正确。②致命

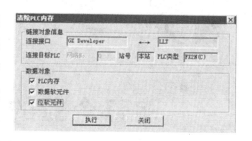

图 1-3-48　清除 PLC 内存操作

错误。PLC 停止运行，PLC 上的 ERROR 指示灯亮，需要修改程序先执行"在线"菜单→"清除 PLC 内存"命令，如图 1-3-48 所示；将 PLC 内的错误程序全部清除后，再从上面命令，从程序读取开始执行（输入正确的程序），直到程序正确。

 任务测评

对任务实施的完成情况进行检查，并将结果填入表 1-3-3 中。

表 1-3-3　评分标准

序号	主要内容	考核要求	评分标准	配分	扣分	得分
1	软件安装	能正确进行 GX-Developer 软件的安装	（1）编程软件安装的方法及步骤正确，每错一项扣 10 分 （2）仿真软件安装的方法及步骤正确，每错一项扣 10 分 （3）不会安装，扣 50 分	50		
2	程序输入及仿真调试	熟练正确地将所编程序输入 PLC；并进行模拟调试，完成软件安装后的测试	（1）不能熟练操作 PLC 键盘输入指令扣 2 分 （2）不会用删除、插入、修改、存盘等命令，每项扣 2 分 （3）仿真试车不成功扣 30 分	50		
3	安全文明生产	劳动保护用品穿戴整齐；电工工具佩带齐全；遵守操作规程；讲文明礼貌；操作结束要清理现场	（1）操作中，违犯安全文明生产考核要求的任何一项扣 5 分，扣完为止 （2）当发现学生有重大事故隐患时，要立即予以制止，并每次扣安全文明生产总分 5 分	10		
合计						
开始时间：			结束时间：			

模块二

陶瓷企业的 PLC 基本控制系统设计与装调

任务一　陶瓷生产线皮带自动送料装置设计与装调

学习目标

知识目标:

（1）掌握 LD、LDI、OR、ORI、AND、ANI、OUT、END 等基本驱动指令和编程元件（X、Y）的功能及应用。

（2）掌握梯形图的编程原则。

能力目标:

（1）根据控制要求，能灵活地运用经验法，按照梯形图的设计原则，将三相异步电动机单方向运行控制的继电控制电路转换成梯形图。

（2）能通过三菱 GX-Developer 编程软件，采用梯形图输入法，在电脑荧屏上输入梯形图，并通过仿真软件采用逻辑梯形图测试的方法，进行模拟仿真运行；然后将仿真成功后的程序下载写入 PLC 中，完成控制系统的调试。

工作任务

在实际生产中，三相异步电动机的启停控制是非常基础和应用广泛的控制。如陶瓷生产线中的物料传送带、农田灌溉系统中的抽水机、大型购物商场的扶梯等都是三相异步电动机启停控制的典型应用。它们具有一个共同的特征，就是电动机的单方向连续运转。当需要启动送料时，按下启动按钮，传送带启动把陶瓷原料送到搅拌罐中。当搅拌罐装满原料时，按下停止按钮，传送带停止，如图 2-1-1 所示。

图 2-1-1 陶瓷生产线皮带自动送料装置

陶瓷生产线皮带自动送料装置采用的是继电—接触器逻辑控制系统，其电气控制原理如图 2-1-2 所示。

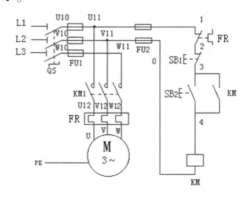

图 2-1-2 三相异步电动机单方向连续运行控制的线路

本次任务的主要内容是：用 PLC 控制系统来实现如图 2-1-2 所示的三相异步电动机单方向连续运行的控制，完成陶瓷生产线皮带自动送料装置控制系统的改造。其控制时序图如图 2-1-3 所示。

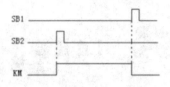

图 2-1-3　控制时序图

任务要求：

（1）能够通过启停按钮实现三相异步电动机的单方向连续运行的启停控制。

（2）具有短路保护和过载保护等必要的保护措施。

（3）利用 PLC 的基本指令来实现上述控制。

 任务准备

实施本任务教学所使用的实训设备及工具材料可参考表 2-1-1。

表 2-1-1　实训设备及工具材料

序号	分类	名称	型号规格	数量	单位	备注
1	工具	电工常用工具		1	套	
2	仪表	万用表	MF47 型	1	块	
3	设备器材	编程计算机		1	台	
4		接口单元		1	套	
5		通信电缆		1	条	
6		可编程序控制器	FX2N-48MR	1	台	
7		安装配电盘	600mm×900mm	1	块	
8		导轨	C45	0.3	米	
9		空气断路器	Multi9 C65N D20	1	只	
10		熔断器	RT28-32	6	只	
11		按钮	LA4-2H	1	只	
12		接触器	CJ10-10 或 CJT1-10	1	只	
13		接线端子	D-20	20	只	

续表

序号	分类	名称	型号规格	数量	单位	备注
14		铜塑线	BV1/1.37mm²	10	米	主电路
15		铜塑线	BV1/1.13mm²	15	米	控制电路
16		软线	BVR7/0.75mm²	10	米	
17			M4×20mm 螺杆	若干	只	
18	消耗 材料		M4×12mm 螺杆	若干	只	
19		紧固件	φ4mm 平垫圈	若干	只	
20			φ4mm 弹簧垫圈及 M4mm 螺母	若干	只	
21		号码管		若干	米	
22		号码笔		1	支	

 相关理论

一、编程元件（X、Y）

1. 输入继电器（X）

输入继电器（X）与输入端相连，它是专门用来接受 PLC 外部开关信号的元件。PLC 通过输入接口将外部输入信号状态（接通时为"1"，断开时为"0"）读入并存储在输入映像寄存器中。其特点如下：

（1）输入继电器必须由外部信号驱动，不能用程序驱动，所以在程序中不可能出现其线圈。由于输入继电器反映输入映像寄存器中的状态，所以其触点的使用次数不限，即各点输入继电器都有任意对常开及常闭触点供编程使用。

（2）FX 系列 PLC 的输入继电器采用 X 和八进制共同组成编号，如 X000～X007，X010～X017 等。FX2N 型 PLC 的输入继电器编号范围为 X000～X267（184 点）。

 提　示

PLC 的基本单元输入继电器的编号是固定的，扩展单元和扩展模块是从与基本单元最靠近者开始，顺序进行编号。例如，基本单元 FX2N-64M 的输入继电器编号为 X000~X037（32 点），如果接有扩展单元或扩展模块，则扩展单元的输入继电器从 X040 开始编号。

2. 输出继电器（Y）

输出继电器是将 PLC 内部信号输出传送给外部负载（用户输出设备）。输出继电器线圈由 PLC 内部程序的指令驱动，其线圈状态传送给输出单元，再由输出单元对应的硬触点来驱动外部负载。其特点如下：

（1）每个输出继电器在输出单元中都对应唯一一个常开硬触点，但在程序中供编程用的输出继电器，不管是常开还是常闭触点，都是软触点，所以可以使用无数次，即各点输出继电器都有一个线圈及任意对常开及常闭触点供编程使用。

（2）FX 系列 PLC 的输出继电器采用 Y 和八进制共同组成编号，如 Y000~Y007、Y010~Y017 等。FX2N 编号范围为 Y000~Y267（184 点）。

 提 示

与输入继电器一样，基本单元的输出继电器的编号是固定的，扩展单元和扩展模块的编号也是从与基本单元最靠近者开始，顺序进行编号。在实际使用中，输入、输出继电器的数量要视具体系统的配置情况而定。

二、基本指令（LD、LDI、OR、ORI、AND、ANI、OUT、END）

1. 基本指令的助记符及功能

基本指令的助记符及功能如表 2-1-2 所示。

表 2-1-2　基本指令的助记符及功能

指令助记符、名称	功能	可作用的软元件	程序步
LD（取指令）	常开触点逻辑运算开始	X、Y、M、S、T、C	1
LDI（取反指令）	常闭触点逻辑运算开始	X、Y、M、S、T、C	1
AND（与指令）	串联—常开触头	X、Y、M、S、T、C	1
ANI（与非指令）	串联—常闭触头	X、Y、M、S、T、C	1
OR（或指令）	并联—常开触头	X、Y、M、S、T、C	1
ORI（或非指令）	并联—常闭触头	X、Y、M、S、T、C	1

指令助记符、名称	功能	可作用的软元件	程序步
OUT（输出指令）	驱动线圈的输出	Y、M、S、T、C	Y、M：1 步 特殊 M：2 步 T：3 步 C：3~5 步
END（结束指令）	程序结束指令，表示程序结束，返回起始地址		1

2. 编程实例

LD、LDI、OR、ORI、AND、ANI、OUT、END 等基本逻辑指令在编程应用时的梯形图、指令表和时序图如表 2-1-3 所示。

表 2-1-3　基本指令编程应用的梯形图、指令表和时序图

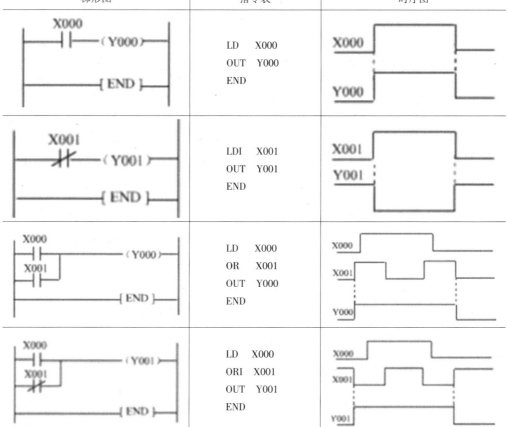

梯形图	指令表	时序图

续表

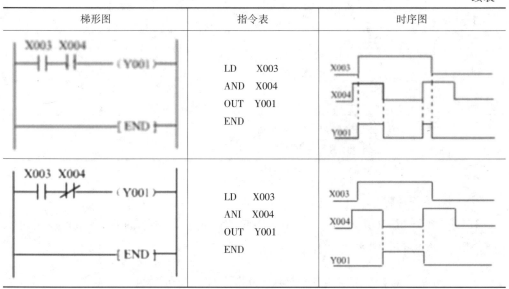

梯形图	指令表	时序图

3. 指令功能的说明

（1） LD、LDI 分别是取常开和常闭触点，LD 指令是将常开触点接到左母线上，LDI 是将常闭触点接到左母线上，都是将指定操作元件中的内容取出并送入操作器。在分支电路的起点处，LD、LDI 可与 ANB、ORB 指令组合使用。

（2） OR、ORI 指令是从当前步开始，将一个触点与前面的 LD、LDI 指令步进行并联连接。也就是说，从当前步开始，将常开触点或常闭触点接到左母线。OR 用于常开触点的并联，ORI 则用于常闭触点的并联，都是把指定操作元件中的内容和原来保存在操作器里的内容进行逻辑"或"，并将这一逻辑运算的结果存入操作器。对于两个或两个以上触点组的并联连接，将用到后面任务介绍的 ORB 指令。

（3） AND、ANI 指令可进行 1 个触点的串联连接。串联触点的数量不受限制，可多次使用。

（4） OUT 指令是对输出继电器、辅助继电器、状态继电器、定时器、计数器等线圈的驱动指令，但不能用于输入继电器。这些线圈均接于右母线。另外，OUT 指令还可对并联线圈做多次驱动。

三、梯形图的特点及编程原则

1. 梯形图的特点

梯形图与继电器控制电路图很接近，在结构形式、元件符号及逻辑控制功能方面是类似的，但梯形图具有自己的特点及设计原则。

（1）梯形图中，所有触点都应按从上到下，从左到右的顺序排列，并且触点只允许画在左水平方向（主控触点除外）。每个继电器线圈为一个逻辑行，即一层阶梯。每个逻辑行开始于左母线，然后是触点的连接，最后终止于继电器线圈。左母线与线圈之间一定要有触点，而线圈与右母线之间不能存在任何触点。

（2）在梯形图中，每个继电器均为存储器中的一位，称为"软继电器"。当存储器状态为"1"，表示该继电器得电，其常开触点闭合或常闭触点断开。

（3）在梯形图中，两端的母线并非实际电源的两端，而是"概念"电流，"概念"电流只能从左向右流动。

（4）在梯形图中，一个继电器线圈编号只能出现一次，而继电器触点可以无限次使用，如果同一继电器线圈重复使用两次，PLC 将视其为语法错误。

（5）在梯形图中，每个继电器线圈为一个逻辑执行结果，立刻被后面逻辑操作使用。

（6）在梯形图中，输入继电器没有线圈只有触点，其他继电器既有线圈又有触点。

2. 梯形图编程的设计规则

（1）触点不能接在线圈的右边，如图 2-1-4（a）所示；线圈也不能直接与左母线连接，必须通过触点来连接，如图 2-1-4（b）所示。

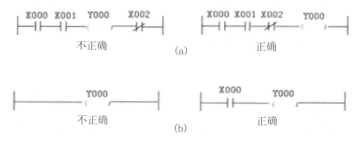

图 2-1-4　规则（1）说明

（2）在每一个逻辑行上，当几条支路并联时，串联触点多的应安排在上，如图 2-1-5（a）所示；几条支路串联时，并联触点多的应安排在左边，如图 2-1-5（b）所示。这样可以减少编程指令。

（3）梯形图的触点应画在水平支路上，而不应画在垂直支路上，如图 2-1-6 所示。

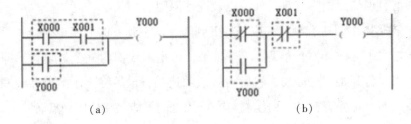

(a)　　　　　　　　　　　　　　　(b)

图 2-1-5　规则（2）说明

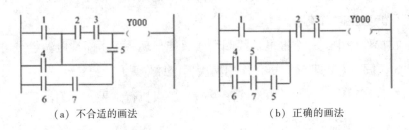

（a）不合适的画法　　　　　　　（b）正确的画法

图 2-1-6　规则（3）说明

（4）遇到不可编程的梯形图时，可根据信号单向自左至右，自上而下流动的原则对原梯形图进行重新编排，以便于正确应用 PLC 基本编程指令进行编程，如图 2-1-7所示。

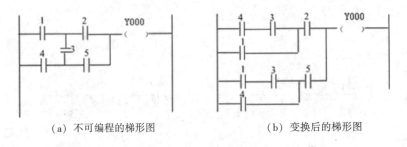

（a）不可编程的梯形图　　　　　　（b）变换后的梯形图

图 2-1-7　规则（4）说明

（5）双线圈输出不可用。如果在同一程序中同一元件的线圈重复出现两次或两次以上，则称为双线圈输出，这时前面的输出无效，后面的输出有效，如图 2-1-8所示。一般不应出现双线圈输出。

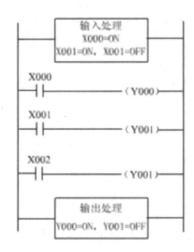

图 2-1-8 规则（5）说明

任务实施

一、通过分析控制要求，分配输入点和输出点，写出 I/O 通道地址分配表

根据本任务控制要求，可确定 PLC 需要 2 个输入点，1 个输出点，其 I/O 通道分配表如表 2-1-4 所示。

表 2-1-4 I/O 通道地址分配表

输入			输出		
元件代号	作用	输入继电器	元件代号	作用	输出继电器
SB1	停止按钮	X000	KM	正转控制	Y000
SB2	启动按钮	X001			

二、画出 PLC 接线图（I/O 接线图）

PLC 接线图如图 2-1-9 所示。

三、程序设计

根据 I/O 通道地址分配表及任务控制要求分析，设计本任务控制的梯形图，并写出指令语句表。

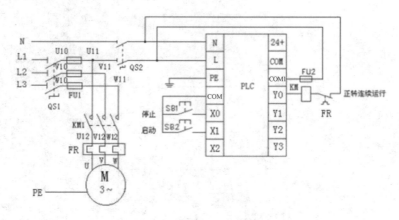

图 2-1-9　PLC 接线图

编程思路：当按下启动按钮 SB2 时，输入继电器 X001 接通，输出继电器 Y000 置 1，交流接触器 KM 线圈得电，这时电动机连续运行。此时即便松开按钮 SB2，输出继电器 Y000 仍保持接通状态，这就是继电器逻辑控制中所说的"自锁"或"自保持功能"；当按下停止按钮 SB1 时，输出继电器 Y000 置 0，电动机停止运行。从以上分析可知，要满足电动机连续运行控制要求，需要用到启动和复位控制程序。可以通过下面的设计程序来实现 PLC 控制电动机单方向连续运行电路的要求。如图 2-1-10 所示的电路又称启—保—停电路，它是梯形图中最基本的电路之一。启—保—停电路在梯形图中的应用极为广泛，其最主要的特点是具有"记忆"功能。

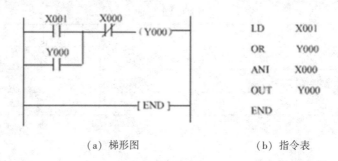

（a）梯形图　　　　　　（b）指令表

图 2-1-10　PLC 控制电动机单方向连续运行梯形图及指令表

四、程序输入及仿真运行

1. 程序输入

（1）启动编程软件。按照图 2-1-11 所示界面的提示操作，进入图 2-1-12 所

示的程序主界面。然后单击"显示",打开工具条,进入如图 2-1-13 所示的工具条
选择界面。

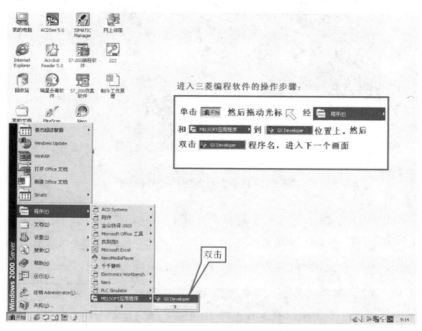

图 2-1-11 进入程序界面

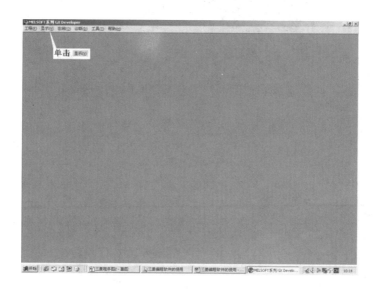

图 2-1-12 程序主界面

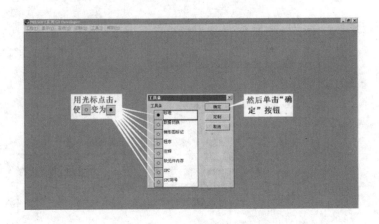

图 2-1-13　工具条的选择界面

　　按照如图 2-1-13 所示的工具条选择画面进行工具条的选择，然后单击"确定"按钮，就会再次进入如图 2-1-12 所示的程序主界面。再次单击"显示"按钮，打开状态条，进入图 2-1-14 所示的状态条选择界面。

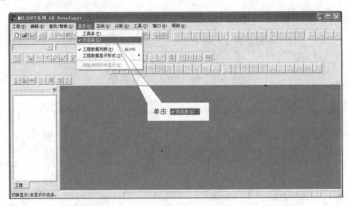

图 2-1-14　状态条的选择界面

　　（2）工程名的建立。

　　1）当软件启动完毕后，会返回如图 2-1-15 所示的主界面，单击画面中的"新建工程名"图标，会弹出如图 2-1-16 所示的"创建新工程"的对话框。

　　2）单击如图 2-1-16 所示对话框的"PLC 系列"的下拉按钮，进入如图 2-1-17所示的"PLC 系列选择"界面，并按图中的提示选择"FXCPU"，然后单击"确定"。

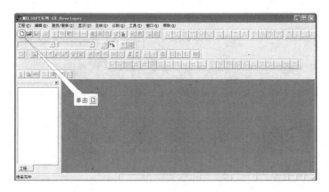

图 2-1-15　选择新建工程名

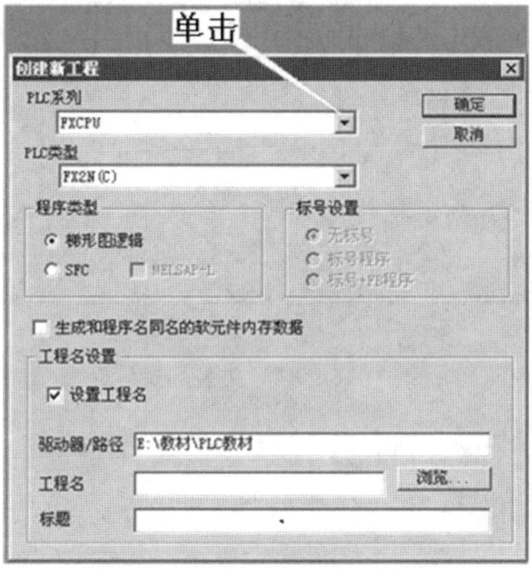

图 2-1-16　创建工程名对话框

图 2-1-17　PLC 系列选择界面

3）当选择完"PLC 系列"后，再次单击如图 2-1-16 所示"创建新工程"对话框里的"PLC 类型"的下拉按钮，会进入如图 2-1-18 所示的"PLC 类型选择"界面，按图中的提示选择"FX2N（C）"，然后单击"确定"。

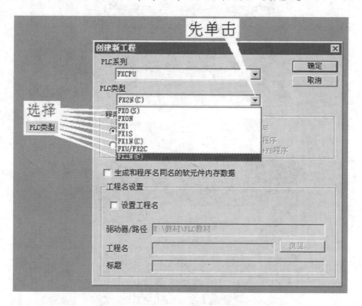

图 2-1-18　PLC 类型选择界面

4）当选择完"PLC 系列"和"PLC 类型"后就可按照如图 2-1-19 所示的界面进行工程名的设置，并输入"三相异步电动机单方向连续运行"的工程名，然后单击"浏览"即可弹出如图 2-1-20 所示"工程的驱动器"选择对话框。

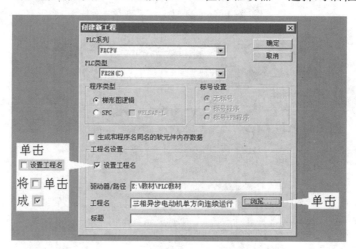

图 2-1-19　设置工程名界面

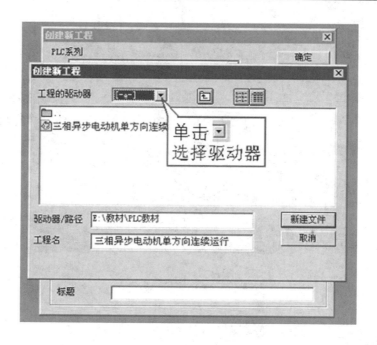

图 2-1-20　工程的驱动器对话框界面

5）单击如图 2-1-20 所示对话框中的"工程的驱动器"下拉按钮，出现如图 2-1-21 所示"选择路径"界面，并按画面提示选择所需的路径，然后单击对话框中的"新建文件"图标，会弹出如图 2-1-22 所示的对话框。

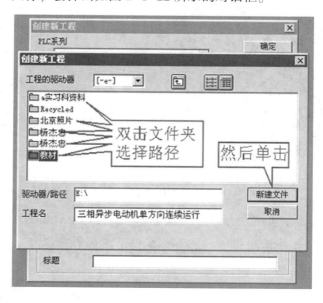

图 2-1-21　选择路径界面

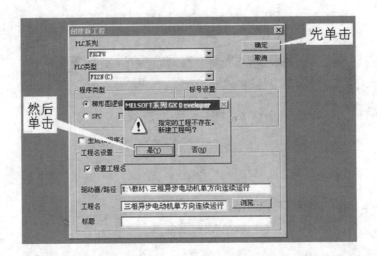

图 2-1-22　新建工程名界面

6）按照如图 2-1-22 所示对话框中的提示单击操作，会进入如图 2-1-23 所示的梯形图编程界面。

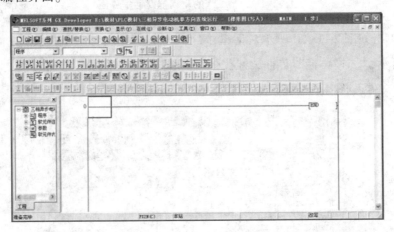

图 2-1-23　梯形图编程界面

（3）程序输入。将如图 2-1-10 所示梯形图，按下列步骤输入到计算机中。

1）启动按钮 X001 的输入。将光标移至如图 2-1-24 所示梯形图编程界面的蓝框内，然后双击，会弹出如图 2-1-25 所示的梯形图对话框。

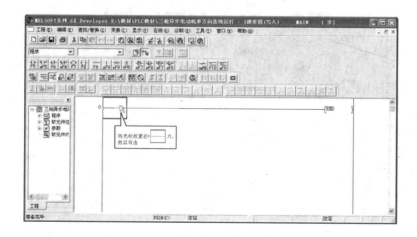

图 2-1-24　启动按钮 X001 的输入界面

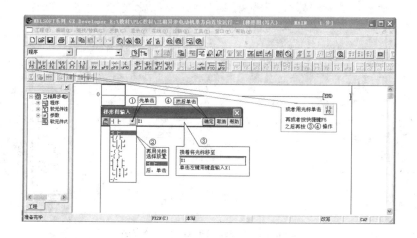

图 2-1-25　启动按钮 X001 的输入界面

按照如图 2-1-25 所示画面的提示，在"梯形图输入对话框"内输入 X001 的常开触点和编号，然后单击确定，进入如图 2-1-26 所示界面。

2）停止按钮 X000 的输入。将光标移至如图 2-1-26 所示梯形图编程界面的蓝框内，然后按照图中的提示进行操作，会弹出如图 2-1-27 所示的梯形图输入对话框。再按照如图 2-1-27 所示界面的提示，在"梯形图输入对话框"内输入 X000 的常闭触点和编号，然后单击确定，会进入如图 2-1-28 所示的界面。

3）输出继电器 Y000 线圈的输入。按照如图 2-1-28 所示界面的操作提示，在"梯形图输入"对话框中输入 Y000 的线圈的图形符号和文字符号，然后单击"确定"图标，就会进入如图 2-1-29 所示的界面。

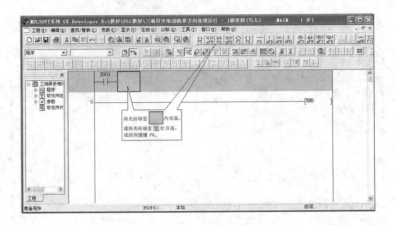

图 2-1-26　停止按钮 X000 的输入界面

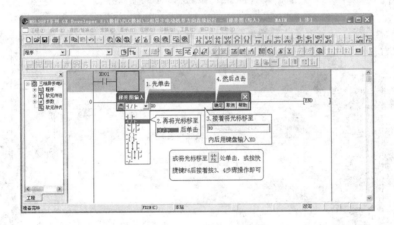

图 2-1-27　停止按钮 X000 的输入界面

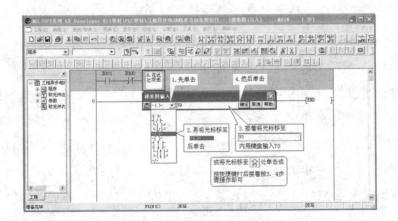

图 2-1-28　输出继电器 Y000 的输入界面

4）输出继电器 Y000"自锁"触点的输入。按照如图 2-1-29 所示界面的操作提示，在"梯形图输入"对话框中输入 Y000 的并联常开触点的图形符号和文字符号，然后单击"确定"图标，就会进入如图 2-1-30 所示的界面。

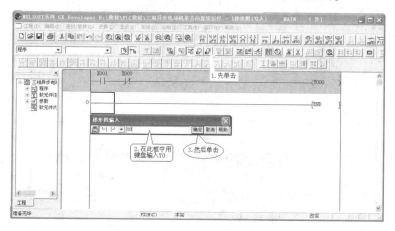

图 2-1-29　输出继电器 Y000 的并联常开触点输入界面

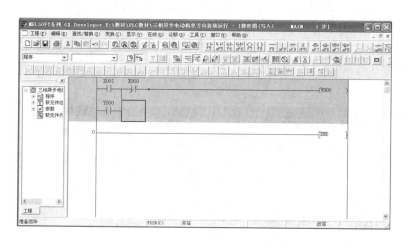

图 2-1-30　梯形图输入完毕界面

（4）程序的保存。当梯形图输入完毕后，要进行程序的保存。程序保存时，首先将梯形图进行变换，操作过程如图 2-1-31（a）所示。变换后的界面如图 2-1-31（b）所示，然后按照如图 2-1-31（c）所示进行程序保存。

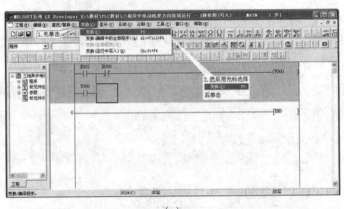

（a）

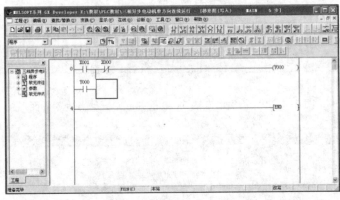

（b）

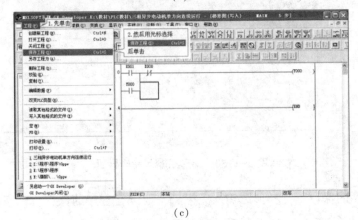

（c）

图 2-1-31　梯形图程序保存界面

2. 程序模拟仿真运行

（1）单击如图 2-1-32 所示下拉菜单中的"工具"里的"梯形图逻辑测试启动
（L）"即可进入如图 2-1-33 所示的梯形图逻辑测试的仿真启动界面。

图 2-1-32　梯形图逻辑测试的仿真启动操作界面

图 2-1-33　梯形图逻辑测试仿真启动界面

（2）当仿真软件启动结束后，会出现如图 2-1-34 所示的界面，然后根据图中的提示进行仿真操作。

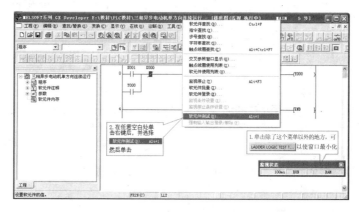

图 2-1-34　梯形图逻辑测试软元件测试启动界面

（3）单击如图 2-1-34 所示界面中的"软元件测试（D）"，会弹出如图 2-1-35 所示的"软元件测试"对话框。然后按照图中的提示将对话框下拉，以便在仿真测试过程中能观察到梯形图仿真时的触点和线圈通断电的情况。

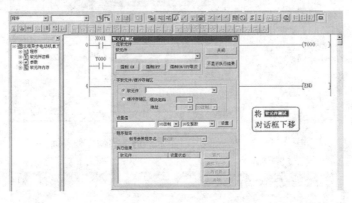

图 2-1-35　软元件测试对话框界面

（4）按照如图 2-1-36 所示的梯形图逻辑测试的操作界面进行仿真操作，并观察显示器里梯形图中的软元件的通断电情况是否与任务控制要求相符。

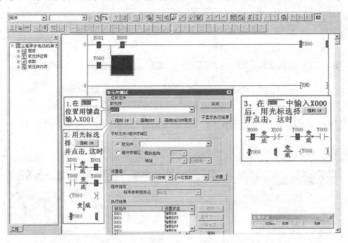

图 2-1-36　梯形图逻辑测试操作界面

（5）当梯形图逻辑测试仿真操作完毕，需要结束模拟仿真运行时，可按照如图 2-1-37 所示的梯形图逻辑测试仿真操作界面提示，先单击下拉菜单中的"工具"，然后用光标找到"梯形图逻辑测试结束（L）"后并单击，会弹出如图 2-1-38 所示的"结束梯形图逻辑测试"对话框。

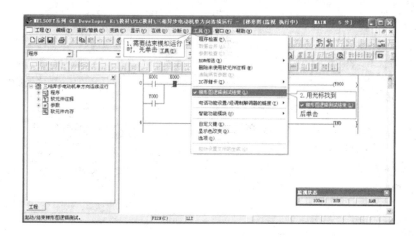

图 2-1-37 梯形图逻辑测试仿真操作界面

（6）单击如图 2-1-38 所示"结束梯形图逻辑测试"对话框里的"确定"图标即可结束梯形图逻辑测试的仿真运行。

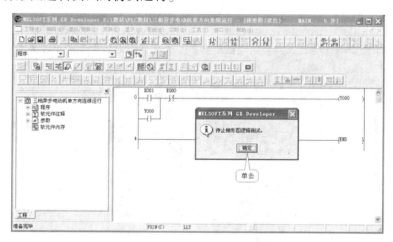

图 2-1-38 结束梯形图逻辑测试仿真操作界面

五、线路安装与调试

1. 线路安装

（1）根据如图 2-1-9 所示的 PLC 接线图（I/O 接线图），画出三相异步电动机 PLC 控制系统的电气安装接线图，如图 2-1-39 所示。然后，按照以下安装电路的要求在如图 2-1-40 所示的模拟实物控制配线板上进行元件及线路安装。

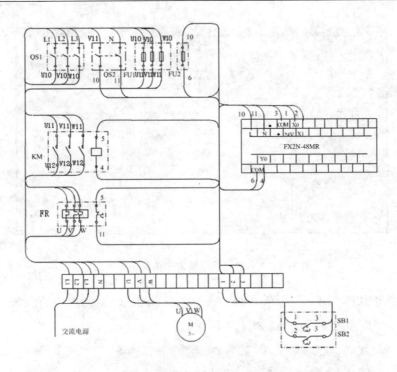

图 2-1-39　三相异步电动机单方向连续运行 PLC 控制系统接线图

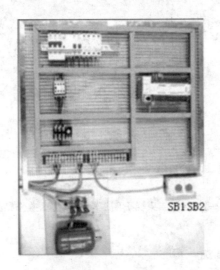

图 2-1-40　三相异步电动机单方向连续运行模拟实物控制配线板

（2）安装电路。

1）检查元器件。根据表 2-1-1 配齐元器件，检查元器件的规格是否符合要求，并用万用表检测元器件是否完好。

2）固定元器件。固定好本任务所需元器件。

3）配线安装。根据配线原则和工艺要求，进行配线安装。

4）自检。对照接线图检查接线是否无误，再使用万用表检测电路的阻值是否与设计相符。

2. 系统调试

（1）PLC 与计算机连接。使用专用通信电缆 RS-232/RS422 转换器将 PLC 的编程接口与计算机的 COM1 串口连接。

（2）程序写入。首先接通系统电源，将 PLC 的 RUN/STOP 开关拨到"STOP"位置，然后通过 MELSOFT 系列 GX Developer 软件的"PLC"菜单中"在线"栏的"PLC 写入"，下载程序文件到 PLC 中，如图 2-1-41 所示。

图 2-1-41　PLC 与计算机联机

（3）功能调试。

1）经自检无误后，在指导教师的指导下，方可通电调试。

2）按照表 2-1-5 进行操作，观察系统运行情况并做好记录。如出现故障，应立即切断电源，分析原因、检查电路或梯形图，排除故障后，方可进行重新调试，直到系统功能调试成功为止。

表 2-1-5　程序调试步骤及运行情况记录表（学生填写）

操作步骤	操作内容	完成情况记录		
		第一次试车	第二次试车	第三次试车
第一步	按下启动按钮 SB2，观察电动机能否启动	完成（　）	完成（　）	完成（　）
		无此功能（　）	无此功能（　）	无此功能（　）
第二步	按下启动按钮 SB1，观察电动机能否停止	完成（　）	完成（　）	完成（　）
		无此功能（　）	无此功能（　）	无此功能（　）

提 示

（1）在 PLC 控制系统中，当 PLC 外部输入端子的停止按钮采用常闭触点时，在程序中的梯形图里应采用常开触点，而不能采用与之相对应的常闭触点。

（2）在进行 PLC 控制系统的接线时，切记不能将输入端子与输出端子接反，否则会损坏 PLC。这是因为 PLC 的输入端子采用的是直流 24V 电源，如果误当输出端子来接，就会通入 220V 的交流电源，导致 PLC 损坏。

 任务测评

对任务实施的完成情况进行检查，并将结果填入表 2-1-6 中。

表 2-1-6 任务测评表

序号	主要内容	考核要求	评分标准	配分	扣分	得分
1	电路设计	根据任务，设计电路电气原理图，列出 PLC 控制 I/O 口（输入/输出）元件地址分配表，根据加工工艺，设计梯形图及 PLC 控制 I/O 口（输入/输出）接线图	（1）电气控制原理设计功能不全，每缺一项扣 5 分 （2）电气控制原理设计错误，扣 20 分 （3）输入输出地址时遗漏或搞错，每处扣 5 分 （4）梯形图表达不正确或画法不规范每处扣 1 分 （5）接线图表达不正确或画法不规范，每处扣 2 分	70		
2	程序输入及仿真调试	熟练、正确地将所编程序输入 PLC；按照被控设备的动作要求进行模拟调试，达到设计要求	（1）不会熟练操作 PLC 键盘输入指令扣 2 分 （2）不会用删除、插入、修改、存盘等命令，每项扣 2 分 （3）仿真试车不成功扣 50 分			

序号	主要内容	考核要求	评分标准	配分	扣分	得分
3	安装与接线	按 PLC 控制 I/O 口（输入/输出）接线图在模拟配线板正确安装，元件在配线板上布置要合理，安装要准确紧固，配线导线要紧固、美观，导线要进入线槽，导线要有端子标号	（1）试机运行不正常扣 20 分 （2）损坏元件扣 5 分 （3）试机运行正常，但不按电气原理图接线，扣 5 分 （4）布线未进入线槽，不美观，主电路、控制电路每根扣 1 分 （5）接点松动、露铜过长、反圈、压绝缘层、标记线号不清楚、遗漏或误标，每处扣 1 分 （6）损伤导线绝缘外层或线芯，每根扣 1 分 （7）不按 PLC 控制 I/O（输入/输出）接线图接线，每处扣 5 分	20		
4	安全文明生产	劳动保护用品穿戴整齐；电工工具佩带齐全；遵守操作规程；尊重考评员，讲文明礼貌；考试结束要清理现场	（1）违犯安全文明生产考核要求的任何一项扣 2 分，扣完为止 （2）当考评员发现有重大事故隐患时，要立即予以制止，并每次扣安全文明生产总分 5 分	10		
合计						

开始时间： 　　　　　　　　　　　结束时间：

想一想

（1）如果把本任务的热继电器过载保护作为输入信号考虑，地址应该怎样分配？程序怎样改？

（2）如果要对本任务的电动机实现两地控制，其程序应如何设计？

知识拓展

一、自保持与消除指令（SET、RST）

当有些线圈在运算过程中要一直保持置位时，要用到自保持置位指令 SET 和复位指令 RST。自保持与消除指令也叫置位与复位指令，其指令的助记符和功能如表

2-1-7 所示。

表 2-1-7 置位与复位指令的助记符及功能

指令助记符、名称	功能	可作用的软元件	程序步
SET（置位）	保持动作	Y、M、S	Y、M：1 步 S、特殊 M：2 步
RST（复位）	清除动作保持，寄存器清零	Y、M、S、C、D、V、Z	C：2 步 D、V、Z：3 步

关于指令功能的说明：

（1）当控制触点接通时，SET 使可作用的元件置位，RST 使可作用的元件复位。

（2）对同一软元件，可以多次使用 SET、RST 指令，使用顺序也可随意，但最后执行的指令有效。

（3）对计数器 C、数据寄存器 D 和变址寄存器 V、Z 的寄存内容清零，可以用 RST 指令。对积算定时器的当前值或触点复位，也可用 RST 指令。

二、利用置位/复位指令实现本任务的控制

利用置位/复位指令实现本任务控制的梯形图及指令表如图 2-1-42 所示。

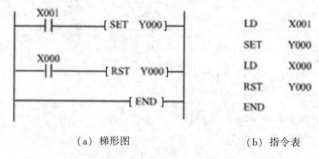

（a）梯形图　　　　　　　　　　　　（b）指令表

图 2-1-42 置位/复位指令实现三相异步电动机单方向连续运行

 提 示

如图 2-1-42 所示的置位/复位电路与如图 2-1-10 所示的启—保—停电路的功能完全相同。该电路的记忆作用是通过置位、复位指令实现的。置位/复位电路也是梯形图中的基本电路之一。

任务二 球磨机控制系统设计与装调

学习目标

知识目标：

（1）掌握 ORB、ANB、MPS、MRD、MPP 等基本驱动指令的功能及应用。

（2）掌握梯形图的编程原则。

能力目标：

（1）根据控制要求，能灵活地运用经验法，通过基本指令或多重输出指令实现三相异步电动机正反转控制的梯形图程序设计。

（2）能通过三菱 GX-Developer 编程软件，采用指令语句表输入法输入指令，并通过仿真软件采用逻辑梯形图测试的方法，进行仿真运行。然后将仿真成功后的程序下载写入到事先接好外部接线的 PLC 中，完成控制系统的调试。

工作任务

在实际生产中，三相异步电动机的正反转控制是一种基本而且典型的控制。如机床工作台的左移和右移、摇臂钻床钻头的正反转、数控机床的进刀和退刀等，均需要对电动机进行正反转控制。用于有落差搬运物品的卷扬机控制，就是一个典型的三相异步电动机的正反转控制。

在陶瓷生产中，球磨机通过正反转动作实现陶土研磨。如图 2-2-1 所示就是球磨机的生产现场。

该球磨机控制采用的是继电—接触器逻辑控制系统，其电气控制原理如图 2-2-2 所示。本任务内容就是：用 PLC 控制系统来实现对如图 2-2-2 所示的三相交流异步电动机的正反转控制电路的改造。其控制的时序图如图 2-2-3 所示。

任务控制要求：

图 2-2-1　球磨机

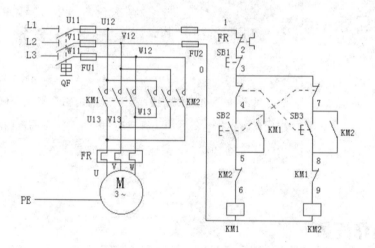

图 2-2-2　复合联锁接触器正反转控制电路

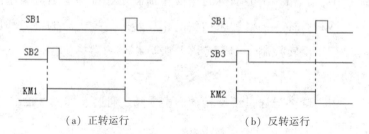

（a）正转运行　　　　　　　　　（b）反转运行

图 2-2-3　电动机正反转控制时序图

（1）能够用按钮控制三相交流异步电动机的正、反转启动和停止。

（2）具有短路保护和过载保护等必要的联锁保护措施。

（3）利用 PLC 基本指令中的块及多重输出指令来实现上述控制。

 任务准备

实施本次任务教学所使用的实训设备及工具材料可参考表 2-2-1。

表 2-2-1　实训设备及工具材料

序号	分类	名称	型号规格	数量	单位	备注
1	工具	电工常用工具		1	套	
2	仪表	万用表	MF47 型	1	块	
3	设备器材	编程计算机		1	台	
4		接口单元		1	套	
5		通信电缆		1	条	
6		可编程序控制器	FX2N-48MR	1	台	
7		安装配电盘	600mm×900mm	1	块	
8		导轨	C45	0.3	米	
9		空气断路器	Multi9 C65N D20	1	只	
10		熔断器	RT28-32	6	只	
11		按钮	LA4-3H	1	只	
12		接触器	CJ10-10 或 CJT1-10	2	只	
13		接线端子	D-20	20	只	
14		热继电器		1	只	
15		三相异步电动机	自定	1	台	
16	消耗材料	铜塑线	BV1/1.37mm²	10	米	主电路
17		铜塑线	BV1/1.13mm²	15	米	控制电路
18		软线	BVR7/0.75mm²	10	米	
19		紧固件	M4×20 螺杆	若干	只	
20			M4×12 螺杆	若干	只	
21			ϕ4 平垫圈	若干	只	
22			ϕ4 弹簧垫圈及 M4 螺母	若干	只	
23			号码管	若干	米	
24			号码笔	1	支	

相关理论

1. 电路块的并联与串联连接指令（ORB、ANB）

（1）指令的助记符和功能。电路块的并联与串联连接指令的助记符和功能如表 2-2-2 所示。

表 2-2-2　ORB 和 ANB 指令的助记符及功能

指令助记符、名称	功能	可作用的软元件	程序步
ORB（电路块或）	串联电路块的并联连接	无	1
ANB（电路块与）	并联电路块的串联连接	无	1

（2）编程实例。ORB 指令和 ANB 指令编程应用时的梯形图及指令表如表 2-2-3 所示。

表 2-2-3　ORB 指令和 ANB 指令编程应用时的梯形图及指令表

梯形图	指令表 1	指令表 2
M0 M1 M0 (Y001) M1 M2 M2	LD　M0 OR　M1 LD　M1 OR　M2 ANB LD　M0 OR　M2 ANB OUT　Y001	LD　M0 OR　M1 LD　M1 OR　M2 LD　M0 OR　M2 ANB ANB OUT　Y001
M0 M1 (Y001) M1 M2 M2 M0	LD　M0 AND　M1 LD　M1 AND　M2 ORB LD　M2 AND　M0 ORB OUT　Y001	LD　M0 AND　M1 LD　M1 AND　M2 LD　M2 AND　M0 ORB ORB OUT　Y001

续表

梯形图	指令表 1	指令表 2
	LD　　X000	
	OR　　X002	
	LD　　X001　分支的起点	
	OR　　X003	
	ANB　与前面的电路块串联连接	
	LD　　X004　分支的起点	
	ANI　　X005	
	ORB　与前面的电路块并联连接	
	LDI　　X006　分支的起点	
	AND　　X007	
	ORB　与前面的电路块并联连接	
	OUT　　Y001	

（3）关于指令功能的说明。

1）2 个或 2 个以上触点串联连接的电路块称为串联电路块。将串联电路块作并联连接时，分支开始用 LD、LDI 指令，分支结束用 ORB 指令。

2）由一个或多个触点的串联电路形成的并联分支电路称为并联电路块，并联电路块在串联连接时，要使用 ANB 指令。此电路块的起始要用 LD、LDI 指令，分支结束用 ANB 指令。

3）多个串联电路块作并联连接，或多个并联电路作串联连接时，电路块数没有限制。

4）在使用 ORB 指令编程时，也可把所需要并联的回路连贯地写出，而在这些回路的末尾连续使用与支路个数相同的 ORB 指令，这时的指令最多使用 7 次。

5）在使用 ANB 指令编程时，也可把所需要串联的回路连贯地写出，而在这些回路的末尾连续使用与回路个数相同的 ANB 指令，这时的指令最多使用 7 次。

2. 多重输出指令（MPS、MRD、MPP）

多重输出是指在某一点经串联触点驱动线圈之后，再由这一点驱动另一线圈，或再经串联触点驱动另一线圈的输出方式。多重输出指令（MPS、MRD、MPP）也叫栈操作指令。

（1）指令的助记符和功能。多重输出指令的助记符和功能如表 2-2-4 所示。

表 2-2-4　多重输出指令的助记符及功能

指令助记符、名称	功能	可作用的软元件	程序步
MPS（进栈）	记忆到 MPS 指令为止的状态	无	1
MRD（读栈）	读出到 MPS 指令为止的状态	无	1
MPP（出栈）	读出到 MPS 指令为止的状态并清除该状态	无	1

（2）编程实例。在编程过程中，需要将中间运算结果存储时，就可以通过栈操作指令来实现。如三菱 FX2N 的 PLC 就提供了 11 个存储中间运算结果的栈存储器，使用一次 MPS 指令，当时的逻辑运算结果压入栈的第一层，栈中原来的数据依次向下一层推移；当使用 MRD 指令时，栈内的数据不会发生变化（即不上移或下移），而是将栈的最上层数据读出；当执行 MPP 指令时，将栈的最上层数据读出，同时该数据从栈中消失，而栈中其他层的数据向上移动一层，因此也称为弹栈。如图 2-2-4 所示就是栈操作指令用于多重输出的梯形图的情况分析。

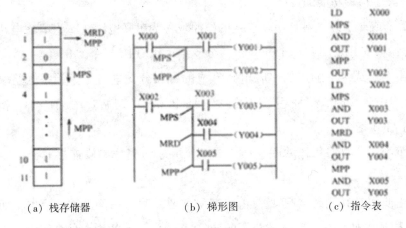

（a）栈存储器　　　　　（b）梯形图　　　　　（c）指令表

图 2-2-4　栈存储器和多重输出程序

编程实例一：一层堆栈编程，如图 2-2-5 所示。

编程实例二：二层堆栈编程，如图 2-2-6 所示。

（3）关于指令功能的说明。

1）MPS 指令用于分支的开始处；MRD 指令用于分支的中间处；MPP 指令用于分支的结束处。

2）MPS、MRD 和 MPP 指令均为不带操作元件指令，其中 MPS 和 MPP 指令必须配对使用。

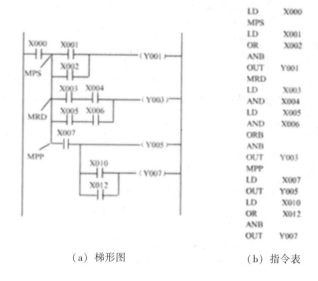

（a）梯形图　　　　　　　　（b）指令表

图 2-2-5 一层堆栈编程

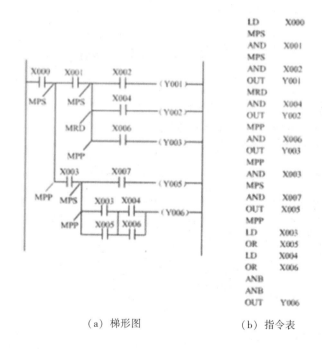

（a）梯形图　　　　　　　　（b）指令表

图 2-2-6 二层堆栈编程

3）由于三菱 FX2N 的 PLC 就提供了 11 个栈存储器，因此 MPS 和 MPP 指令连续使用的次数不得超过 11 次。

任务实施

一、通过对本任务控制要求进行分析，分配输入点和输出点，写出 I/O 通道地址分配表

根据任务控制要求，可确定 PLC 需要 3 个输入点，2 个输出点，其 I/O 通道地址分配表如表 2-2-5 所示。

表 2-2-5　I/O 通道地址分配表

输入			输出		
元件代号	作用	输入继电器	元件代号	作用	输出继电器
SB1	停止按钮	X000	KM1	正转控制	Y000
SB2	正转按钮	X001	KM2	反转控制	Y001
SB3	反转按钮	X002			

二、画出 PLC 接线图（I/O 接线图）

PLC 接线图如图 2-2-7 所示。

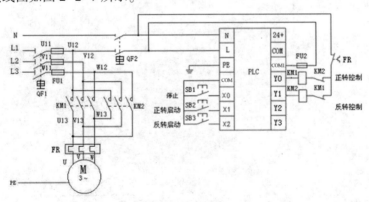

图 2-2-7　正反转控制 I/O 接线图

提 示

在设计正反转控制 I/O 接线图时，由于 PLC 的扫描周期和接触器的动作时间不匹配，只在梯形图中加入"软继电器"的互锁会造成虽然 Y000 断开，但接触器 KM1 线圈还未断开，在没有外部硬件联锁的情况下，接触器 KM2 线圈会得电动作，KM2 主触头闭合，引起主电路电源相间短路；同理，在实际控制过程中，当接触器 KM1 或接触器 KM2 任何一个接触器的主触头熔焊时，由于没有外部硬件的联锁，只在梯形图中加入"软继电器"的互锁也会造成主电路电源相间短路。

三、程序设计

根据 I/O 通道地址分配表及图 2-2-3 所示的控制时序图可知，当按下正转启动按钮 SB2 时，输入继电器 X001 接通，输出继电器 Y000 置 1，接触器 KM1 线圈得电并自保，主触头闭合，电动机正转连续运行。若按下停止按钮 SB1 时，输入继电器 X000 接通，输出继电器 Y000 置 0，接触器 KM1 线圈断电，主触头断开，电动机停止运行；当按下反转启动按钮 SB3 时，输入继电器 X002 接通，输出继电器 Y001 置 1，接触器 KM2 线圈得电并自保，主触头闭合，电动机反转连续运行。若按下停止按钮 SB1 时，输入继电器 X000 接通，输出继电器 Y000 置 0，接触器 KM2 线圈断电，主触头断开，电动机停止运行。从图 2-2-2 所示的继电器控制电路可知，不但正反转按钮实现了互锁，而且正反转接触器之间也实现了联锁。结合以上的编程分析及所学的启—保—停基本编程环节和栈操作指令，可以通过下面两种方案来实现 PLC 控制电动机正反转连续运行电路的要求。

设计方案一：直接用启—保—停基本编程环节进行设计。

启—保—停基本编程环节实现电动机正反转运行控制的梯形图如图 2-2-8 所示。

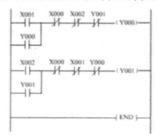

图 2-2-8　利用启—保—停基本编程环节设计的电动机正反转运行控制的梯形图

提 示

此设计方案通过在正转运行支路中串入 X002 和 Y001 的常闭触点，在反转运行支路中串入 X001 和 Y000 的常闭触点来实现按钮和接触器的互锁。

设计方案二：利用栈操作指令进行设计。

利用栈操作指令进行设计实现电动机正反转运行控制的梯形图及指令表如图 2-2-9 所示。

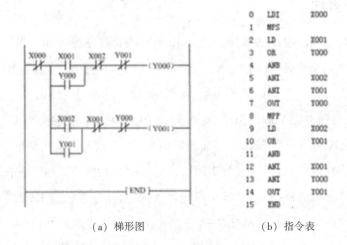

0	LDI	X000
1	MPS	
2	LD	X001
3	OR	Y000
4	ANB	
5	ANI	X002
6	ANI	Y001
7	OUT	Y000
8	MPP	
9	LD	X002
10	OR	Y001
11	ANB	
12	ANI	X001
13	ANI	Y000
14	OUT	Y001
15	END	

（a）梯形图　　　　　　（b）指令表

图 2-2-9　栈操作指令实现电动机正反转运行控制

四、程序输入及仿真运行

1. 程序输入

（1）梯形图输入法。启动 MELSOFT 系列 GX Developer 编程软件，首先创建新文件名，并命名为"启—保—停基本编程环节实现电动机正反转运行控制"，选择 PLC 的类型为"FX2N"，运用任务一所学的梯形图输入法，输入图 2-2-8 所示的梯形图，梯形图程序输入过程在此不再赘述。

（2）指令输入法。采用指令输入法进行程序输入的方法及步骤如下：

1）启动 MELSOFT 系列 GX Developer 编程软件，首先创建新文件名，并命名为

"栈指令实现电动机正反转运行控制"，选择 PLC 的类型为"FX2N"；首先进入如图 2-2-10 所示的梯形图编程界面，然后单击左下角工具栏中的"梯形图/列表显示切换"图标，进入如图 2-2-11 所示的指令表编程界面。

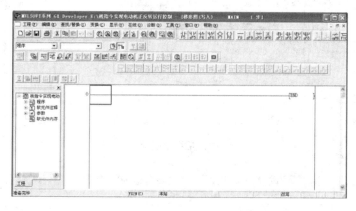

图 2-2-10　梯形图编程界面

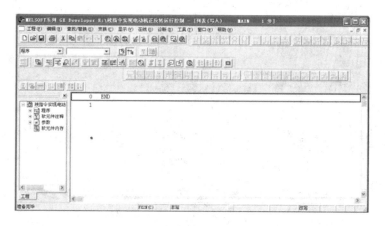

图 2-2-11　指令表编程界面

2）指令表的输入。在图 2-2-11 所示的指令表编程界面中，依次输入图 2-2-9（b）中的指令。指令输入的方法是：首先在计算机键盘上键入 LDI 指令，会出现如图 2-2-12 所示的"列表输入"对话框，接着按空格键，然后输入 X000，最后单击列表输入框内的"确定"或按回车键"Enter"，会出现如图 2-2-13 所示的界面。

运用上述指令输入法依次将如图 2-2-9（b）所示指令表中的指令输入完毕，将得到如图 2-2-14 所示的界面。然后再次单击左下角工具栏中的"　"图标，会返回梯形图编程界面，自动出现如图 2-2-15 所示的栈操作指令实现的三相异步电动机正反转控制的梯形图。

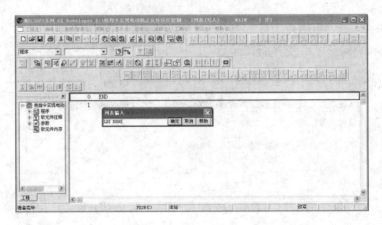

图 2-2-12　指令表的输入界面

图 2-2-13　指令输入后界面

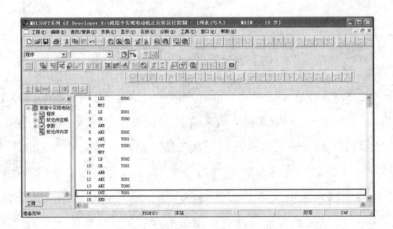

图 2-2-14　指令表输入完成界面

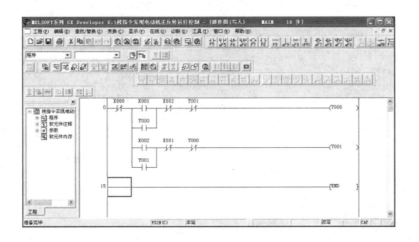

图 2-2-15　由指令表输入界面切换到梯形图编程界面

2. 程序保存

只需单击工具栏上的工程保存 图标，即可对所编的程序进行保存。

3. 仿真运行

（1）仿真软件的启动。首先单击"梯形图逻辑测试启动/结束"图标 ，先进入程序写入状态，然后进入梯形图逻辑测试状态，如图 2-2-16 所示。

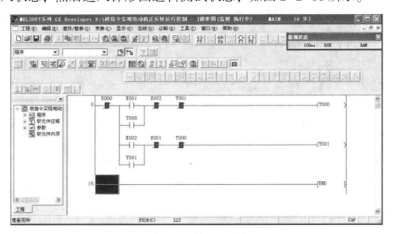

图 2-2-16　梯形图逻辑测试状态界面

（2）软元件测试。将鼠标移至显示屏界面任意一个空白处，然后单击鼠标右键，会出现如图 2-2-17 所示的界面，然后选择并左键单击对话框中的"软元件测试"，将出现如图 2-2-18 所示的界面。

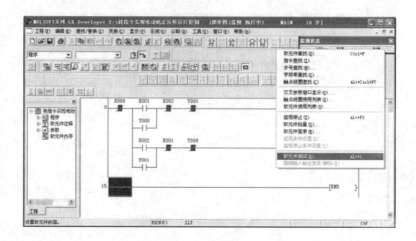

图 2-2-17　软元件测试选择界面

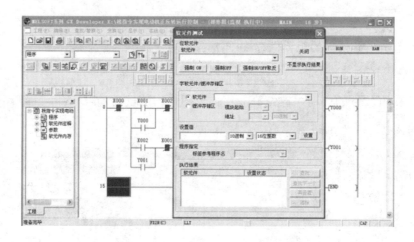

图 2-2-18　软元件测试对话框

1）正转控制仿真测试。在如图 2-2-18 所示的软元件测试对话框里的位软元件栏的软元件框中输入 X001 后，单击 强制 ON 图标，此时 X001 常开触点闭合，X001常闭触点断开，然后再单击 强制OFF 图标，此时 X001 常开触点和常闭触点复位，相当于在 PLC 输入端，按下正转启动按钮 SB2，给 PLC 输入正转启动信号，此时输出继电器 Y000 线圈得电，Y000 常开触点接通自保，Y000 常闭触点断开互锁，同时PLC 输出端的 Y000 接线柱有信号输出，如果在 Y000 端子上接有接触器 KM1 的话，接触器 KM1 线圈将得电，如图 2-2-19 所示。

2）停止控制仿真测试。在软元件测试对话框里的位软元件栏的软元件框中输入 X000 后，单击 强制 ON 图标，此时 X000 常闭触点断开，相当于在 PLC 输入端，

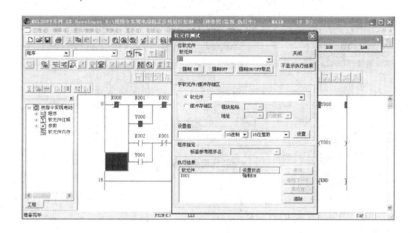

图 2-2-19 正转控制仿真测试

按下停止按钮 SB1，给 PLC 输入停止信号，此时输出继电器 Y000 线圈失电，Y000 常开触点断开，Y000 常闭触点复位闭合，同时 PLC 输出端的 Y000 接线柱输出信号中断，如果在 Y000 端子上接有接触器 KM1 的话，接触器 KM1 线圈将断电，然后再单击 强制OFF 图标，此时 X000 常闭触点复位，为反转启动或下一次启动做准备，如图 2-2-20 所示。

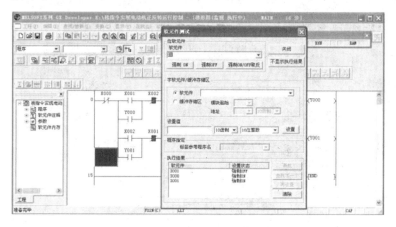

图 2-2-20 停止控制仿真测试

3）反转控制仿真测试。其仿真测试的方法同正转控制仿真测试方法一样，只是在软元件对话框里的位软元件栏的软元件框中输入的是 X002。

4）结束仿真测试。只要关闭软元件测试对话框，然后再单击"梯形图逻辑测试启动/结束"图标 □，会出现"停止梯形图逻辑测试"的对话框，此时只要单击对话框中的"确定",就可结束梯形图的仿真逻辑测试,如图 2-2-21 所示。

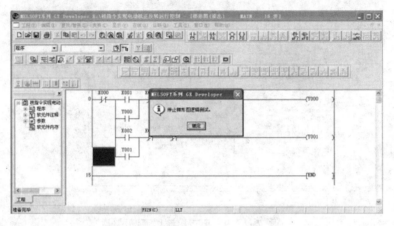

图 2-2-21　结束梯形图逻辑测试

五、线路安装与调试

1. 线路安装

(1) 根据如图 2-2-7 所示的 PLC 接线图(I/O 接线图),画出三相异步电动机 PLC 控制系统的电气安装接线图,如图 2-2-22 所示。然后按照以下安装电路的要求在如图 2-2-23 所示的模拟实物控制配线板上进行元件及线路安装。

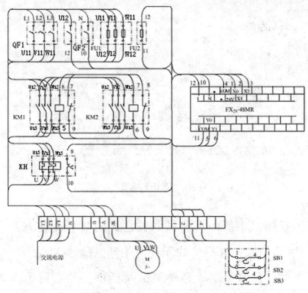

图 2-2-22　三相异步电动机正反转运行 PLC 控制系统接线图

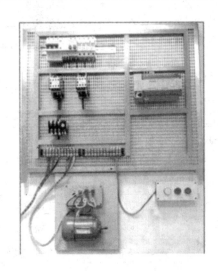

图 2-2-23 三相异步电动机正反转运行控制系统安装效果

（2）安装电路。

1）检查元器件。根据表 2-2-1 所示配齐元器件，检查元器件的规格是否符合要求，并用万用表检测元器件是否完好。

2）固定元器件。固定好本任务控制所需元器件。

3）配线安装。根据配线原则和工艺要求，进行配线安装。

4）自检。对照接线图检查接线是否无误，再使用万用表检测电路的阻值是否与设计相符。

2. 系统调试

（1）PLC 与计算机连接。使用专用通信电缆 RS-232/RS422 转换器将 PLC 的编程接口与计算机的 COM1 串口连接。

（2）程序写入。首先接通系统电源，将 PLC 的 RUN/STOP 开关拨到 "STOP" 位置，然后通过 MELSOFT 系列 GX Developer 软件的 "PLC" 菜单中 "在线" 栏的 "PLC 写入"，下载程序文件到 PLC 中。

（3）功能调试。

1）经自检无误后，在指导教师的指导下，方可通电调试。

2）按照表 2-2-6 进行操作，观察系统运行情况并做好记录。如出现故障，应立即切断电源，分析原因，检查电路或梯形图，排除故障后，方可进行重新调试，直到系统功能调试成功为止。

表 2-2-6　程序调试步骤及运行情况记录表（学生填写）

操作步骤	操作内容	完成情况记录		
		第一次试车	第二次试车	第三次试车
第一步	按下正转按钮 SB2，观察电动机能否正转	完成（　） 无此功能（　）	完成（　） 无此功能（　）	完成（　） 无此功能（　）
第二步	按下停止按钮 SB1，观察电动机能否停止	完成（　） 无此功能（　）	完成（　） 无此功能（　）	完成（　） 无此功能（　）
第三步	按下反转按钮 SB3，观察电动机能否反转	完成（　） 无此功能（　）	完成（　） 无此功能（　）	完成（　） 无此功能（　）
第四步	按下停止按钮 SB1，观察电动机能否停止	完成（　） 无此功能（　）	完成（　） 无此功能（　）	完成（　） 无此功能（　）
第五步	按下正转按钮 SB2，观察电动机能否正转	完成（　） 无此功能（　）	完成（　） 无此功能（　）	完成（　） 无此功能（　）
第六步	按下反转按钮 SB3，观察电动机能否反转	完成（　） 无此功能（　）	完成（　） 无此功能（　）	完成（　） 无此功能（　）

任务测评

对任务实施的完成情况进行检查，并将结果填入任务测评表（见表 2-1-6）。

知识拓展

有关 PLC 简单的基础设计，对于初学者来说，一般都采用经验设计法，而在经验设计法中用得最多的是"功能添加法"。何谓"功能添加法"、该方法有何特点、如何应用功能添加法进行 PLC 的程序设计等有关方面的内容，我们将通过下面的实例进行介绍。小车两点自动往返循环控制的工作示意图如图 2-2-24 所示。

控制要求：

（1）有一送料小车需要从原料库将原料运送到加工车间，需要自动送料时，只要将转换开关 SA 拨到"自动"的位置，然后按下正转启动按钮 SB2 后，小车从原料库出发，当到达加工车间碰到行程开关 SQ2 后，停下自动卸料，然后自动返回，当到达原料库碰到行程开关 SQ1 时会自动停车继续装料；然后继续送料……循环往复。

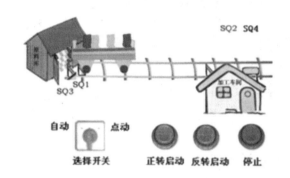

图 2-2-24　小车两点自动往返循环控制的工作示意图

（2）需要调整小车的位置时，可通过转换开关 SA 和正转启动按钮 SB2（或反转启动按钮 SB3）来实现，即只要将转换开关 SA 拨到"点动"位置，然后按下正转启动按钮 SB2（或反转启动按钮 SB3）即可控制小车的点动运行。

（3）设计有必要的保护措施。

1. 功能添加法

"功能添加法"就是首先设计一个基本控制环节程序，然后每增加一种功能都必须建立在原控制程序性能保持不变的基础上，这种设计方法就称为"功能添加法"。该方法不仅适用于 PLC 控制系统的程序设计，而且还是继电—接触器控制设计的一种有效而重要的设计手段。例如，本实例的小车自动往返循环控制，其基本控制环节就是建立在三相异步电动机正反转控制基础上的，再运用功能添加法进行设计时，无论怎样添加功能，都必须保持电动机正反转的控制性能不变。

2. 功能添加法的应用

现以本实例程序设计介绍功能添加法控制程序设计的步骤：

（1）根据控制对象，设计基本控制环节的程序。

通过对本实例控制分析发现，小车自动往返的基本控制环节程序，是建立在三相异步电动机正反转控制的基础上的，在进行功能添加法设计时，无论怎样添加功能，都必须保持电动机正反转的控制性能不变。因此，电动机正反转的控制程序就是本实例控制程序设计的基本控制环节的程序。小车两点自动往返循环控制的工作示意图和基本控制环节梯形图如图 2-2-25 所示。

（2）根据控制要求采用功能添加法进行设计，逐一在基本控制环节程序中添加功能完善控制程序。

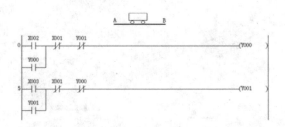

图 2-2-25 小车工作示意图和基本控制环节梯形图

在图 2-2-25 所示的基本控制环节程序中，我们可以通过人工分别按下正转按钮 SB2（X002）和反转按钮 SB3（X003）来控制着小车做来回往返运动，但这样会相当烦琐，同时，除了增加劳动强度，还影响小车往返运行的准确性。如果生产工艺要求小车自动来回往复运动，如何实现呢？只要在 A、B 两点分别加两个位置检测装置，问题就解决了，如图 2-2-26 所示。假设我们在 A、B 两点分别装的位置检测装置是行程开关，而每个行程开关至少有一对常开和常闭触点，把这些触点添加到控制程序中，就得到了能控制小车自动往复运动的控制程序（见图 2-2-26），SQ1（X004）和 SQ2（X005）表示 A、B 两点行程开关。

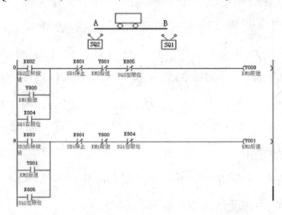

图 2-2-26 小车工作示意图和自动往返控制梯形图

从上述程序可知，虽然在程序中添加了行程开关，但电动机始终保持正反转运行的不变状态，满足"功能添加法"设计的原则。

当要实现点动控制功能时，同样采用"功能添加法"在图 2-2-27 程序中的正反转自锁回路里添加串入实现自锁和点动的切换开关 SA（X000）即可。

图 2-2-27 所示的电路原理虽然正确，但还不能投入实际运行，原因是任何一

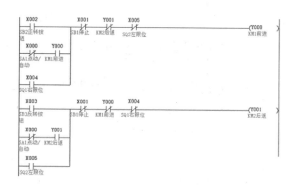

图 2-2-27　带有自动和点动控制的小车自动往返循环控制的梯形图

个物体都有惯性，当小车从 A 点运行到 B 点时，小车压动行程开关 SQ2（X005），KM1（Y000）会立即失电而 KM2（Y001）会立即得电，如果行程开关 SQ2（X005）失灵，加上小车的惯性作用不可能立即停止，电动机依靠惯性的作用还在正转，小车继续前进，会造成事故。为了避免这种事故的发生，往往会增加终端保护功能，即在小车前进电路中添加串入极限开关 SQ4（X007），同理，在后退电路中添加极限开关 SQ3（X006），其示意图和控制程序如图 2-2-28 所示。

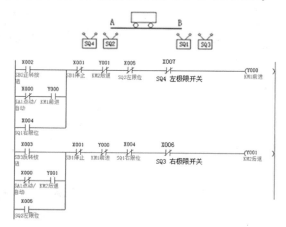

图 2-2-28　带有终端保护的小车自动往返循环控制的示意图和梯形图

从上述的设计过程可以观察到，采用功能添加法进行设计时，关键是找到设计的基本控制环节程序，然后在基本控制环节程序中不断地添加所需的功能，但前提条件是必须保证添加功能后程序的基本控制环节程序功能保持不变。如实例中无论怎样添加功能，始终保证电动机正反转的控制功能不变。

任务三 陶瓷输送电动机 Y-△降压启动
控制系统设计与装调

学习目标

知识目标:

(1) 掌握主控指令 MC、MCR 的功能及应用,同时了解主控指令与多重输出指令的异同点。

(2) 掌握主控指令在 PLC 的软件系统及梯形图的编程原则。

能力目标:

(1) 根据控制要求,能灵活地运用经验法,通过主控指令或多重输出指令实现三相异步电动机 Y-△降压启动控制的梯形图程序设计。

(2) 能采用梯形图输入法或指令语句表输入法进行编程,并通过仿真软件采用软元件测试的方法,进行仿真;然后将仿真成功后的程序下载写入到事先接好外部接线的 PLC 中,完成控制系统的调试。

 工作任务

图 2-3-1 为陶瓷生产的输送带,三相异步电动机因其结构简单、价格便宜、可靠性高等优点被广泛应用在陶瓷生产过程中。但在启动过程中启动电流较大,所以容量大的电动机必须采取一定的降压启动方式进行启动,以限制电动机的启动电流。Y-△降压启动就是一种常用的简单方便的降压启动方式。

图 2-3-1 陶瓷生产输送带

对于正常运行的定子绕组为三角形接法的笼形式异步电动机来说，如果在启动时将定子绕组接成星形，待电动机启动完毕后再接成三角形运行，就可以降低启动电流，减轻它对电网的冲击，这种启动方式称为星形—三角形降压启动，简称 Y-△降压启动。

某陶瓷生产车间的输送带电动机就是采用如图 2-3-2 所示的三相异步电动机 Y-△降压启动的继电控制电路进行控制的，其具体控制过程为：按下启动按钮 SB2，主轴电动机的内部绕组接成"Y"形连接，延时 5s 后，再将主轴电动机内部绕组接成"△"形连接，这样电动机就完成了 Y-△降压启动的过程。当加工完工件后，按下停止按钮 SB1，主轴电动机停止工作。

本次任务是用 PLC 控制系统实现对如图 2-3-2 所示的三相交流异步电动机的 Y-△降压启动控制线路的改造。

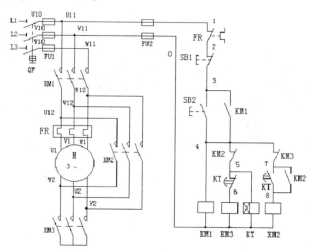

图 2-3-2　三相异步电动机 Y-△降压启动的继电控制线路

任务控制要求：

（1）能够用按钮控制三相交流异步电动机的 Y-△降压启动和停止。

（2）具有短路保护和过载保护等必要的保护措施。

（3）利用 PLC 基本指令中的主控指令或多重输出指令来实现上述控制。

 任务准备

实施本任务教学所使用的实训设备及工具材料可参考表 2-3-1。

表 2-3-1　实训设备及工具材料

序号	分类	名称	型号规格	数量	单位	备注
1	工具	电工常用工具		1	套	
2	仪表	万用表	MF47 型	1	块	
3		编程计算机		1	台	
4		接口单元		1	套	
5		通信电缆		1	条	
6		可编程序控制器	FX2N-48MR	1	台	
7		安装配电盘	600mm×900mm	1	块	
8	设备器材	导轨	C45	0.3	米	
9		空气断路器	Multi9 C65N D20	1	只	
10		熔断器	RT28-32	6	只	
11		按钮	LA4-2H	1	只	
12		接触器	CJ10-10 或 CJT1-10	3	只	
13		接线端子	D-20	20	只	
14		三相异步电动机	△接法, 自定	1	台	
15		铜塑线	BV1/1.37mm²	10	米	主电路
16		铜塑线	BV1/1.13mm²	15	米	控制电路
17		软线	BVR7/0.75mm²	10	米	
18		紧固件	M4×20 螺杆	若干	只	
19	消耗材料		M4×12 螺杆	若干	只	
20			φ4 平垫圈	若干	只	
21			φ4 弹簧垫圈及 M4 螺母	若干	只	
22		号码管		若干	米	
23		号码笔		1	支	

相关理论

一、主控和主控复位指令（MC、MCR）

在编程时常遇到具有主控点的电路，使用主控触点移位和复位指令往往会使编程简化。

1. 指令的助记符和功能

主控和主控复位指令的助记符和功能如表 2-3-2 所示。

表 2-3-2　主控和主控复位指令的助记符及功能

指令助记符、名称	功能	可作用的软元件	程序步
MC（主控开始）	公共串联主控触点的连接	N（层次），Y，M（特殊 M 除外）	3
MCR（主控复位）	公共串联主控触点的清除	N（层次）	2

2. 编程实例

在编程时，经常会遇到多个线圈同时受一个或一组触点控制，如果在每个线圈的控制电路中都串入同样的触点，将占用很多存储单元，如图 2-3-3 所示就是多个线圈受一个触点控制的普通编程方法，其梯形图可以使用多重输出指令写出指令语句表，也可以采用 MC 和 MCR 指令写出指令语句表。使用主控指令的触点称为主控触点，它在梯形图中一般垂直使用，主控触点是控制某一段程序的总开关。对图 2-3-3 中的控制程序可采用主控指令进行简化编程，简化后的梯形图和指令表如图 2-3-4 所示。

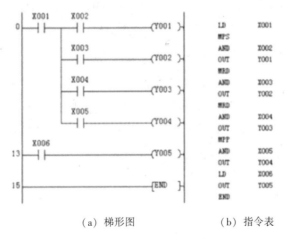

(a) 梯形图　　　　(b) 指令表

图 2-3-3　多个线圈受一个触点控制的普通编程方法

从图 2-3-4 可知，当常开触点 X001 接通时，主控触点 M0 闭合，执行 MC 到 MCR 的指令，输出线圈 Y001、Y002、Y003、Y004 分别由 X002、X003、X004、X005 的通断来决定各自的输出状态。而当常开触点 X001 断开时，主控触点 M0 断开，MC 到 MCR 的指令之间的程序不执行，此时无论 X002、X003、X004、X005 是

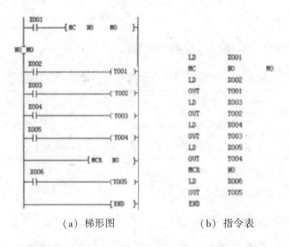

(a) 梯形图　　　　　(b) 指令表

图 2-3-4　MC、MCR 指令编程

否通断，输出线圈 Y001、Y002、Y003、Y004 全部处于 OFF 状态。输出线圈 Y005 不在主控范围内，所以其状态不受主控触点的限制，仅取决于 X006 的通断。

3. 关于指令功能的说明

（1）当控制触点接通，执行主控 MC 指令，相对于母线（LD、LDI 点）移到主控触点后，直接执行从 MC 到 MCR 之间的指令。MCR 令其返回原母线。

（2）当多次使用主控指令（但没有嵌套）时，可以通过改变 Y、M 地址号实行，通过常用的 N0 进行编程。N0 的使用次数没有限制。

（3）MC、MCR 指令可以嵌套。嵌套时，MC 指令的嵌套级 N 的地址号从 N0 开始按顺序增大。使用返回指令 MCR 时，嵌套级地址号顺次减小。

（4）MC 指令里的继电器 M（或 Y）不能重复使用，如果重复使用会出现双重线圈的输出。MC 到 MCR 在程序中是成对出现的。

 提　示

在一个 MC 指令区内若再使用 MC 指令称为嵌套。嵌套级数最多为 8 级，编号按 N0→N1→N2→N3→N4→N5→N6→N7 顺序增大，每级的返回用对应的 MCR 指令，从编号大的嵌套级开始复位。

二、编程元件——定时器（T）

延时控制就是利用 PLC 的通用定时器和其他元器件构成各种时间控制，这是各类控制系统经常用到的功能。如本任务中的星形启动的延时控制就是利用 PLC 的通用定时器和其他元器件构成的时间控制电路。

PLC 中的定时器（T）相当于继电器控制系统中的通电型时间继电器。它是通过对一定周期的时钟脉冲计数实现定时的，时钟脉冲的周期有 1ms、10ms、100ms 三种，当所计脉冲个数达到设定值时触点动作，它可以提供无限对常开常闭延时触点。设定值可用常数 K 或数据寄存器 D 来设置。

1. 通用定时器的分类

100ms 通用定时器（T0~T199）共 200 点，其中 T192~T199 为子程序和中断服务程序专用定时器。这类定时器是对 100ms 时钟累积计数，设定值为 1~32767，所以其定时范围为 0.1~3276.7s。

10ms 通用定时器（T200~T245）共 46 点，这类定时器是对 10ms 时钟累积计数，设定值为 1~32767，所以其定时范围为 0.01~327.67s。

2. 通用定时器的动作原理

通用定时器的动作原理如图 2-3-5 所示。当 X000 闭合，定时器 T0 线圈得电，开始延时，延时时间 $\triangle t = 100ms \times 100 = 10s$，定时器 T0 常开触点闭合，驱动 Y000 线圈得电。当 X000 断开，T0 线圈失电，T0 常开触点断开，Y000 线圈失电。

图 2-3-5 通用定时器动作原理

 任务实施

一、通过对本任务控制要求进行分析，分配输入点和输出点，写出 I/O 通道地址分配表

根据任务控制要求，可确定 PLC 需要 2 个输入点，3 个输出点，其 I/O 通道分配表如表 2-3-3 所示。

表 2-3-3　I/O 通道地址分配表

输入			输出		
元件代号	作用	输入继电器	元件代号	作用	输出继电器
SB1	停止按钮	X000	KM1	正转控制	Y000
SB2	启动按钮	X001	KM2	三角形控制	Y001
			KM3	星形控制	Y002

二、画出 PLC 接线图（I/O 接线图）

PLC 接线图如图 2-3-6 所示。

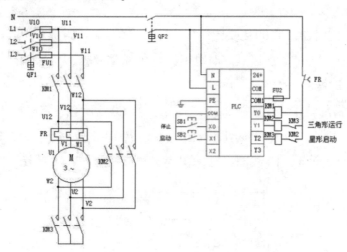

图 2-3-6　Y-△ 降压启动控制 I/O 接线图

 **提 示**

在 Y-△ 降压启动的过程中要完成 Y 形到 △ 形的切换，Y 形启动和 △ 形运行不能同时通电。如果 Y 形和 △ 形同时通电，会造成电源相间短路。因此在设计 Y-△ 降压启动控制 I/O 接线图时，由于 PLC 的扫描周期和接触器的动作时间不匹配，只在梯形图中加入"软继电器"的互锁会造成虽然 Y002 断开，但接触器 KM3 还未断开，在没有外部硬件联锁的情况下，接触器 KM2 会得电动作，主触头闭合，会引起主电路电源相间短路；同理，在实际控制过程中，当接触器 KM2 或接触器 KM3 任

何一个接触器的主触头熔焊时，由于没有外部硬件的联锁，只在梯形图中加入"软继电器"的互锁会造成主电路电源相间短路。此外，还可以通过程序增加一个 Y 形断电后的延时控制再接通△形。

三、程序设计

在进行 PLC 控制系统的编程设计时，往往有多个设计方案，本次任务的编程设计也不例外，可以通过目前所学的相关基本指令进行设计，设计方案主要有以下三种。

1. 采用块与指令及多重输出指令进行设计

编程思路：用 PLC 控制系统对继电控制系统的改造，对于编程初学者来说，一般都是采用经验法，在原继电控制线路的基础上进行等效的变化。采用块与指令及多重输出指令将原继电控制线路等效输出的控制程序及指令表如图 2-3-7 所示。

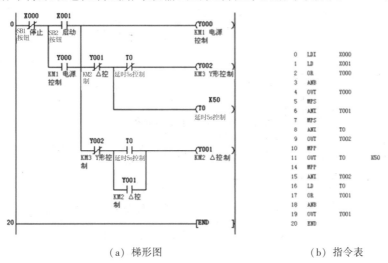

(a) 梯形图　　　　　　　　　(b) 指令表

图 2-3-7　采用块与指令及多重输出指令实现的 Y-△ 降压启动控制程序

2. 采用串、并联及输出指令进行设计

（1） Y-△ 降压启动电源控制程序的设计。

编程思路：从如图 2-3-2 所示的 Y-△ 降压启动的继电控制线路可知，无论是 Y 形启动还是△形运行，接触器 KM1 （Y000） 始终保持得电，因此，可以采用在任务一所学的"启—保—停"电路进行接触器 KM1 （Y000） 的控制设计，其控制程序如图 2-3-8 所示。

图 2-3-8　Y-△降压启动电源控制程序

（2）Y-△降压启动 Y 形启动控制程序的设计。

编程思路：由于 Y 形启动控制时，除了接触器 KM1（Y000）得电外，还必须使接触器 KM3（Y002）通电，因此可以通过 Y000 的常开触头使 Y002 线圈获电，即将 Y000 的常开触头与 Y002 线圈串联。其控制程序如图 2-3-9 所示。

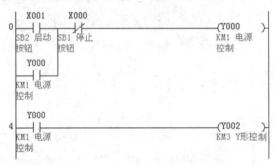

图 2-3-9　Y 形启动控制程序

（3）Y-△降压启动的 Y 形启动延时控制程序的设计。

编程思路：由于 Y 形启动的延时时间为 5s，因此可采用本任务所学的编程元件定时器 T0 的常闭触头与 Y002 线圈串联进行延时控制编程设计，如图 2-3-10 所示。值得一提的是，由于 T0 为 100ms 的通用定时器，因此在设置时间参数时应为 K50。

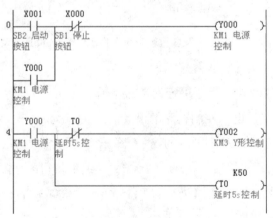

图 2-3-10　Y 形启动延时控制程序

（4）Y-△降压启动的△形运行控制程序的设计。

编程思路：当 Y 形启动结束后，通过定时器 T0 的常开触头接通△形控制接触器 KM2（Y001），由于△形运行时必须保证 Y002 断电，因此在 Y 形启动的支路中串联 Y001 的常闭触头；另外，为了保证在定时器 T0 断电后，使 Y001 线圈保持得电，用 Y001 的辅助常开触头与 T0 的辅助常开触头并联，实现 Y001 的自保持控制。其控制程序如图 2-3-11 所示。

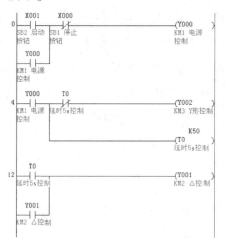

图 2-3-11　△形运行控制程序

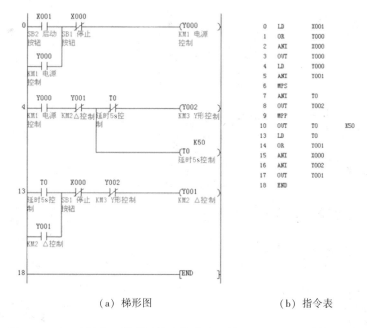

（a）梯形图　　　　　　　　（b）指令表

图 2-3-12　采用串、并联及输出指令实现的 Y-△降压启动控制程序

131

（5）添加必要的联锁保护，完善控制程序。

编程思路：从如图 2-3-11 所示的程序可以看出，当按下停止按钮 SB1（X000）时，无法使 Y001 断电，因此，必须在△形控制回路中串联 X000 的常闭触头，完善原来的程序，得出本任务采用串、并联及输出指令实现控制的程序，其控制程序及指令表如图 2-3-12 所示。

3. 采用主控指令进行设计

编程思路：从 Y-△降压启动的继电控制电路原理和控制时序图分析可知，无论是 Y 形启动还是△形运行，电源控制接触器 KM1（Y000）都起着主控作用，KM2（Y001）、KM3（Y002）线圈的通断，都直接受到 KM1（Y000）常开辅助触头的控制，因此，可将 KM1（Y000）常开辅助触头作为主控触点。根据主控指令的编程原则，采用主控指令进行设计的程序及指令表如图 2-3-13 所示。

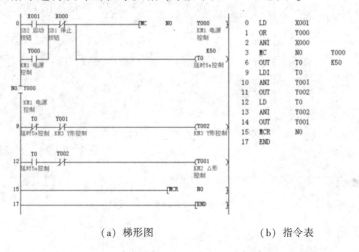

（a）梯形图　　　　　　　　（b）指令表

图 2-3-13　采用主控指令实现的 Y-△降压启动控制程序

 提　示

通过对上述三种设计方案进行比较，不难看出采用块与指令及多重输出指令直接将继电控制线路等效转换成梯形图的程序较长，而直接采用串、并联指令及输出指令设计和采用主控指令设计的程序，表现出程序精短，思路清晰的特点。另外，由于 PLC 控制系统与继电控制系统是两种不同的控制方式，不是所有的继电器控制线路都可以直接等效转换成梯形图，特别是较复杂的继电控制线路。例如，如图

2-3-14所示的 Y-△降压启动控制线路就不能简单地直接等效转换成梯形图。

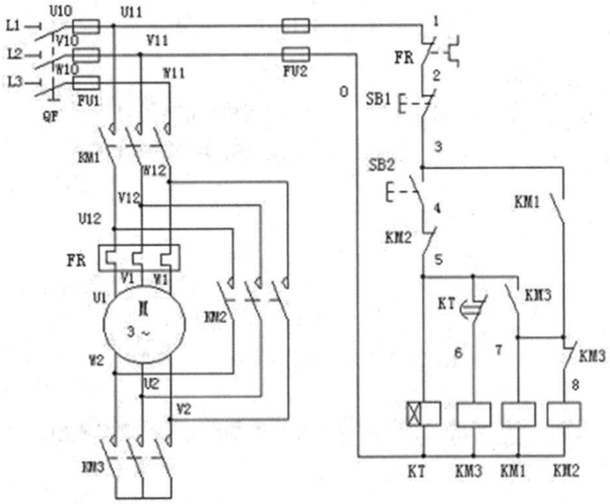

图 2-3-14 Y-△降压启动控制线路

想—想

如果将如图 2-3-14 所示的 Y-△降压启动控制线路直接等效转换成梯形图会出现什么情况？

四、程序输入及仿真运行

1. 程序输入

启动 MELSOFT 系列 GX Developer 编程软件，首先创建新文件名，并命名为"主控指令实现 Y-△降压启动控制"，选择 PLC 的类型为"FX2N"，运用前面任务所学的梯形图输入法或指令表输入法，输入图 2-3-13 所示的梯形图或指令表，输入过程在此不再赘述，仅就主控指令的输入和定时器线圈输入做一介绍。

（1）主控指令的输入。在输入本程序的主控指令时，首先单击下拉菜单中的 图标，此时会弹出"梯形图输入"对话框，接着在对话框中输入主控指令"MC N0 Y000"，如图 2-3-15 所示。然后单击对话框中的"确定"即可完成指令的输入，如图 2-3-16 所示。

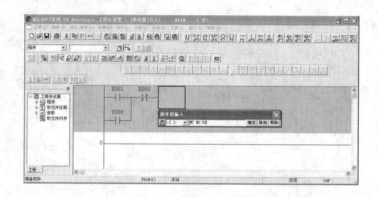

图 2-3-15　主控指令的输入

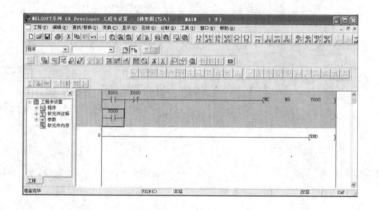

图 2-3-16　主控指令输入后的界面

 提　示

在输入主控指令 MC N0 Y000 时，应选择应用指令图标![]，即（MC　N0　Y000）；不能使用线圈图标![]，即（MC　N0　Y000)，否则将无法进行编程。

（2）定时器 T0 的输入。在输入定时器线圈时，首先单击下拉菜单中的![]图标，此时会弹出"梯形图输入"对话框，接着在对话框中输入定时器线圈的助记符和时间常数"T0 K50"，如图 2-3-17 所示。然后点击对话框中的"确定"即可完成定时器的输入，如图 2-3-18 所示。

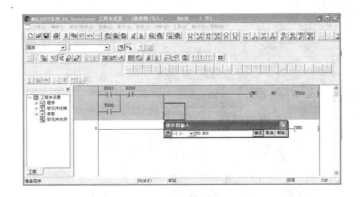

图 2-3-17 定时器 T0 线圈的输入

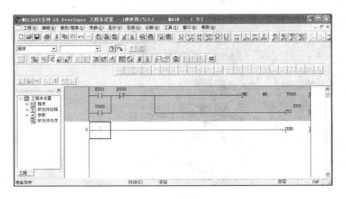

图 2-3-18 定时器输入后的界面

 提 示

在输入定时器线圈时，应选择线圈图标，不能使用应用指令图标，否则将无法进行编程。另外，在输入定时器线圈的助记符后，需按空格键后方可输入时间常数，并在时间常数前加"K"。

2. 仿真运行

在前面任务中曾介绍了"梯形图逻辑测试"的仿真方法，当梯形图程序较为复杂时，采用该方法进行仿真监控不太直观，一般会采用"软元件测试法"进行仿真，其操作过程如下：

（1）单击下拉菜单中的"梯形图逻辑测试启动/结束"图标，会出现如图 2-3-19 所示的界面。

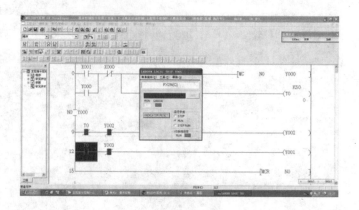

图 2-3-19　启动仿真软件

（2）单击图 2-3-19 所示界面中 "LADDER LOGIC TEST TOOL" 对话框中的 "菜单启动"，会出现如图 2-3-20 所示的选择窗口。然后选择并点击 "继电器内存监视"，会出现如图 2-3-21 所示的界面。

图 2-3-20　继电器内存监视的选择

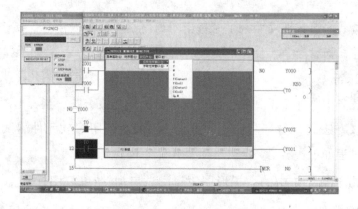

图 2-3-21　软元件的选择

（3）将光标选择"位软元件窗口"并单击位软元件"X"，会出现如图 2-3-22 所示的界面。

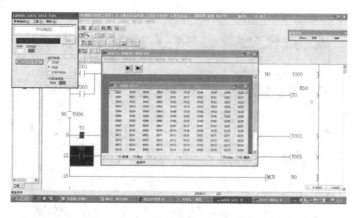

图 2-3-22 位软元件"X"的选择

（4）用上述同样的方法分别进行位软元件"Y"和字软元件"T"的选择，然后单击工具栏中的 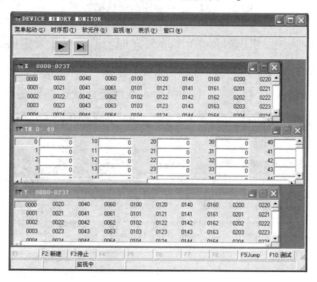 选择"并列表示"并单击，会出现如图 2-3-23 所示的位软元件"X"、"Y"、"T"的"并列表示"监控窗口。

图 2-3-23 位软元件"X"、"Y"、"T"的"并列表示"监控窗口

（5）Y 形降压启动监控。将鼠标移至如图 2-3-23 所示的"X001"的位置并左键双击（相当于按下启动按钮 SB2）；此时可观察到"X001"黄色的指示灯亮（说明按钮 SB2 已接通），同时"Y000"（接触器 KM1）和"Y002"（接触器 KM3）的黄色指示灯亮（说明此时电动机已 Y 形启动），定时器 T0 从 0 开始计时，如图 2-3-24 所示。然后双击"X001"，黄色的指示灯熄灭（说明按钮 SB2 已松开），"Y000"、"Y002"和"T0"黄色指示灯保持亮。

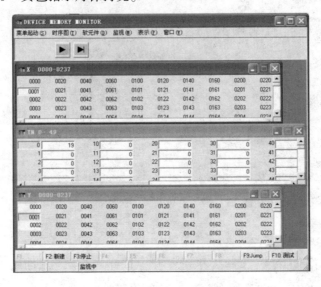

图 2-3-24　Y 形降压启动监控界面

（6）△形运行监控。当定时器 T0 计时 5s（即当前值对于设定值 50），Y002 黄色指示灯熄灭（相当于接触器 KM3 断开），此时 Y000 和 Y001 的黄色指示灯亮（相当于接触器 KM1 和接触器 KM2 接通），电动机进入△形运行状态，如图 2-3-25 所示。

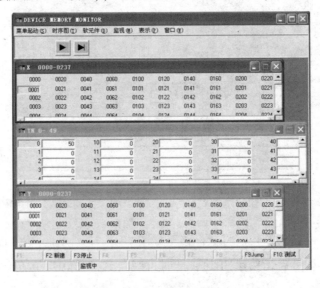

图 2-3-25　△形全压运行监控界面

（7）停止控制监控。当需要停止时，只要双击图 2-3-25 中的 X000（相当于按下停止按钮 SB1），此时 Y000 和 Y001 黄色指示灯熄灭，定时器 T0 的时间常数归 0，如图 2-3-26 所示。然后双击一次 X000（相当于松开停止按钮 SB1）回到初始状态，等待第二次启动。

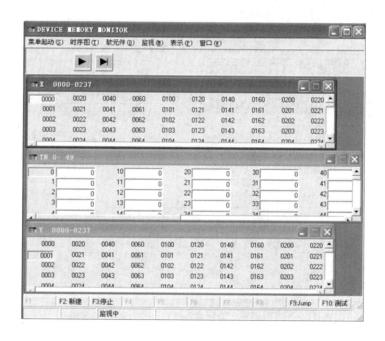

图 2-3-26　停止控制监控界面

五、线路安装与调试

1. 线路安装

（1）根据如图 2-3-6 所示的 PLC 接线图（I/O 接线图），画出三相异步电动机 PLC 控制系统的电气安装接线图，如图 2-3-27 所示。然后按照以下安装电路的要求在如图 2-3-28 所示的模拟实物控制配线板上进行元件及线路安装。

（2）安装电路。

1）检查元器件。根据表 2-3-1 所示配齐元器件，检查元器件的规格是否符合要求，并用万用表检测元器件是否完好。

2）固定元器件。固定好本任务所需元器件。

3）配线安装。根据配线原则和工艺要求，进行配线安装。

4）自检。对照接线图检查接线是否无误，再使用万用表检测电路的阻值是否与设计相符。

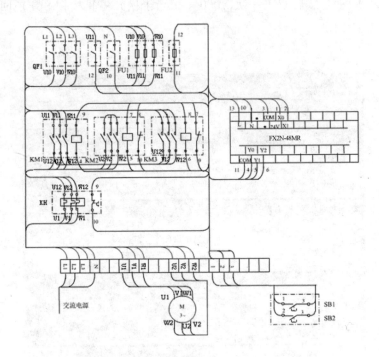

图 2-3-27　Y-△降压启动 PLC 控制系统接线图

图 2-3-28　Y-△降压启动 PLC 控制系统安装效果

2. 系统调试

（1）PLC 与计算机连接。使用专用通信电缆 RS-232/RS422 转换器将 PLC 的编程接口与计算机的 COM1 串口连接。

（2）程序写入。首先接通系统电源，将 PLC 的 RUN/STOP 开关拨到"STOP"位置，然后通过 MELSOFT 系列 GX Developer 软件的"PLC"菜单中"在线"栏的"PLC 写入"，下载程序文件到 PLC 中。

（3）功能调试。

1）经自检无误后，在指导教师的指导下，方可通电调试。

2）按照表 2-3-4 进行操作，观察系统运行情况并做好记录。如出现故障，应立即切断电源，分析原因，检查电路或梯形图，排除故障后，方可进行重新调试，直到系统功能调试成功为止。

表 2-3-4　程序调试步骤及运行情况记录表（学生填写）

操作步骤	操作内容	完成情况记录		
		第一次试车	第二次试车	第三次试车
第一步	按下启动按钮 SB2，观察电动机能否进行 Y 形启动，5s 后是否转入 △ 形运行	完成（　）	完成（　）	完成（　）
		无此功能（　）	无此功能（　）	无此功能（　）
第二步	按下停止按钮 SB1，观察电动机能否停止	完成（　）	完成（　）	完成（　）
		无此功能（　）	无此功能（　）	无此功能（　）

任务测评

对任务实施的完成情况进行检查，并将结果填入任务测评表（见表 2-1-6）。

知识拓展

一、理论知识的拓展

1. 嵌套编程实例

在同一主控程序中再次使用主控指令时称为嵌套，二级嵌套的主控程序梯形图和指令表如图 2-3-29 所示，多级嵌套的梯形图如图 2-3-30 所示。

2. 无嵌套编程实例

在没有嵌套级时，主控指令梯形图如图 2-3-31 所示，从理论上说嵌套级 N0 可以无数次使用。

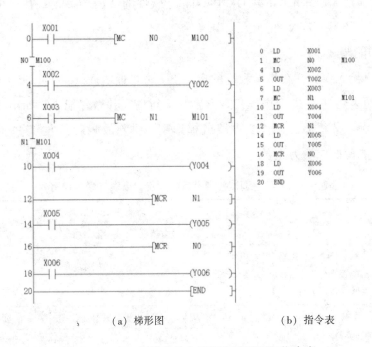

(a) 梯形图　　　　　　　　　　(b) 指令表

图 2-3-29　二级嵌套的主控程序梯形图和指令表

二、技能拓展

1. 用 PLC 实现 Y-△降压启动的可逆运行电动机控制电路

其控制要求如下：

（1）按下正转按钮 SB1，电动机以 Y-△方式正向启动，Y 形启动 10s 后转换为△形运行。按下停止按钮 SB3，电动机停止运行。

（2）按下反转按钮 SB2，电动机以 Y-△方式反向启动，Y 形启动 10s 后转换为△形运行。按下停止按钮 SB3，电动机停止运行。

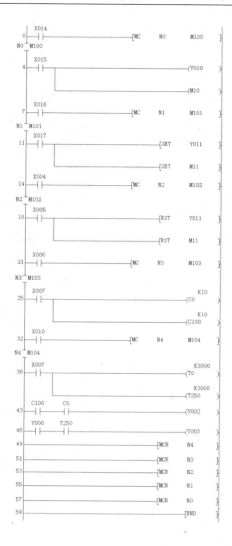

图 2-3-30 多级嵌套的主控程序梯形图

2. 有三台电动机 M1、M2、M3，要求按下面要求进行启动和停止

启动时，M1 和 M2 同时启动，2min 后 M3 自动启动；停车时，M3 必须先停止，3min 后 M1、M2 同时自行停止。按控制要求，提出所需控制的电气元件，并作 I/O 地址分配，画出 PLC 外部接线图及电动机的主电路图，设计一个满足要求的梯形图程序，然后上机仿真调试。

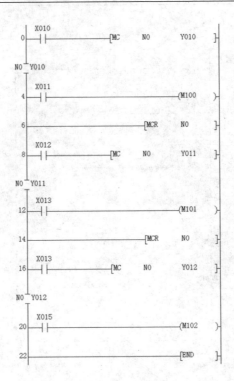

图 2-3-31 无嵌套级的主控程序梯形图

模块三

瓷砖生产线顺序控制系统
设计与装调

在瓷砖的生产过程中，主要经过原料入场→原料研磨→加一定量的沙等配方搅拌制作成浆→喷雾成粒→压制成型→干燥→印花→烧成→抛光→包装等这些主要生产环节。为了满足生产工艺需要，目前，瓷砖生产由自动化程度较高的机电一体化设备来完成，其中由变频器控制的输送带及气动机械手应用非常广泛，如图3-1所示为陶瓷变线输送，实现运送过程的转弯。图3-2为陶瓷抛光的分匀输送，目的是在抛光时先使用输送带把陶瓷分均匀，方便下一步的抛光控制，图3-3为机械手自动分包装置，该设备把数量较多的大摞瓷砖，自动分拣为数量固定的小摞瓷砖。

图3-1 陶瓷变线输送 　　　　图3-2 陶瓷抛光的分匀输送

图3-3 机械手自动分包装置

任务一　机械手控制系统的设计与装调

学习目标

知识目标:

（1）掌握机械手的结构及工作原理。

（2）掌握机械手运行控制方法。

（3）掌握气动机械手控制电路的连接方法及编程方法。

（4）掌握状态继电器的功能及步进顺控指令的功能及应用。

（5）掌握单序列结构状态转移图（SFC）的画法,并会通过状态转移图进行步进顺序控制的设计。

能力目标:

（1）能根据任务要求,正确连接气动机械手的控制电路。

（2）能根据任务要求,正确编写机械手的控制程序并进行调试。

 工作任务

YL-235A 机电一体化实训装置如图 3-1-1 所示,设备主要部件名称如图 3-1-2 所示。该设备由供料装置、机械手搬运装置及物料传送和分拣装置组成。供料装置将圆盘内的工件送到机械手抓料平台,通过机械手搬运,放入分拣装置的输送皮带进料口。分拣装置能将合格的工件（金属工件和白色塑料工件）进行"清洗"和分类包装,将不合格的工件（黑色塑料工件）直接推入废料槽。

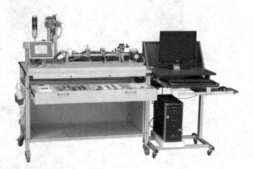

图 3-1-1　YL-235A 机电一体化实训装置

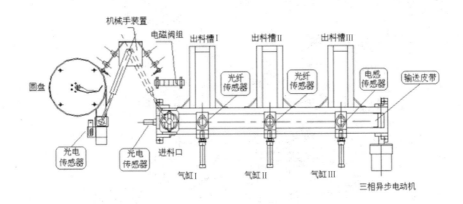

图 3-1-2　设备各主要部件名称俯视图

机械手是一种能模仿人手和手臂的某些动作功能，用以按固定程序抓取、搬运物件或操作工具的自动操作装置。YL-235A 机电一体化实训装置上的气动机械手搬运装置如图 3-1-3 所示。

机械手的控制电路中，用 2 个 D-Z73 磁性开关来检测悬臂气缸伸出到位/缩回到位，用 2 个 D-C73 磁性开关检测手臂气缸上升到位/下降到位，用 1 个 Y-D59B 磁性开关来检测气动手爪夹紧/松开，用 2 个电感传感器检测机械手左旋到位/右旋到位，用 4 组二位五通双作用电磁阀控制悬臂气缸、手臂气缸、手爪气缸、旋转气缸动作。图 3-1-4 所示为 YL-235A 机电一体化实训装置机械手搬运装置的 PLC 外部接线电路。

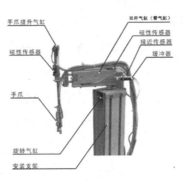

图 3-1-3　气动机械手搬运装置

任务要求如下：

（1）请根据图 3-1-4 所示的电路，在 YL-235A 设备对应模块上选择电路需要的电器，并按照工艺要求，进行机械手搬运装置的 PLC 外部接线电路连接。

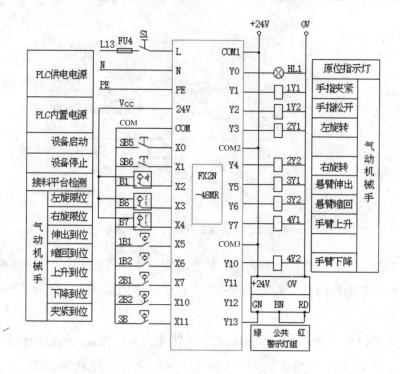

图 3-1-4　机械手搬运装置的 PLC 外部接线电路

（2）按照下面的要求，编写 PLC 控制程序：

1）启动前，设备的运动部件必须在规定的位置，这些位置称作初始位置。有关部件的初始位置是：机械手的悬臂靠在左限止位置，手臂气缸的活塞杆缩回，悬臂气缸的活塞杆缩回，手爪松开。上述部件在初始位置时，指示灯 HL1 亮。只有上述部件在初始位置时，供料装置才能启动。若上述部件不在初始位置，指示灯 HL1 灭。

2）接通电源，如果电源正常供电，工作台上双色警示灯中红灯闪亮。

3）设备的控制是通过 YL-235A 按钮与指示灯模块上的 SB5、SB6 按钮来实现，SB5 为机械手搬运装置的启动按钮，SB6 为机械手搬运装置的停止按钮。

4）机械手搬运装置启动后，工作台上的双色警示灯中的绿灯开始闪亮。当圆盘送料机构外面的接料平台上的光电传感器检测到物料后，机械手启动运行，悬臂伸出→手臂下降→手爪合拢抓取工件→手臂上升→悬臂缩回→机械手向右转动→悬臂伸出→手臂下降→气爪松开，将物料放进皮带输送机的进料口，并等待 1s→手臂上升→悬臂缩回→机械手向左旋转回原位后停止。当接料平台上的光电传感器检测到物料后，机械手再次启动运行，重复上述动作。

（备注：本次任务只编写机械手搬运装置的控制程序，供料装置的供料过程和皮带输送机的输送过程可以省略，直接用手向接料平台上送料或者用手将皮带输送机上的物料拿掉即可。）

5）任意时刻按下停止按钮 SB6，机械手都必须完成当前物料的搬运任务，并返回设备的初始位置才能停止工作，同时工作台上的双色指示灯中的绿灯熄灭。

 任务准备

实施本任务教学所使用的实训设备及工具材料如表 3-1-1 所示。

表 3-1-1　实训设备及工具材料

序号	分类	名称	型号规格	数量	单位	备注
1	工具	电工常用工具		1	套	
2	仪表	万用表	MF47 型	1	块	
3	设备器材	编程计算机		1	台	
4		静音气泵		1	台	
5		机电一体化设备	YL-235A	1	条	
6		可编程序控制器	FX2N-48MR	1	台	

 相关理论

一、机械手的组成结构、工作原理

1. 机械手的组成结构

YL-235A 机电一体化实训设备上的气动机械手主要由气缸、检测传感器、双作用电磁阀以及机架、缓冲器等几部分组成。气动机械手的气缸部分由悬臂气缸、手臂气缸、手爪气缸和旋转气缸组成。其中，气动机械手的悬臂气缸和手臂气缸如图 3-1-5 所示；气动机械手的手爪气缸和旋转气缸如图 3-1-6 所示。

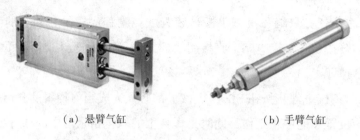

（a）悬臂气缸   （b）手臂气缸

图 3-1-5   气动机械手的悬臂气缸和手臂气缸

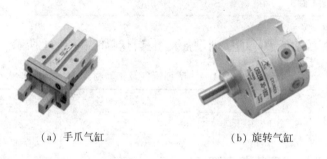

（a）手爪气缸   （b）旋转气缸

图 3-1-6   气动机械手的手爪气缸和旋转气缸

2. 机械手的工作原理

气动机械手通过四个双作用二位五通电磁阀分别控制悬臂气缸伸出/缩回，手臂气缸上升/下降，旋转气缸左旋右旋，手爪气缸夹紧/松开来实现四个自由度的动作，气缸的动作原理如图 3-1-7 所示。

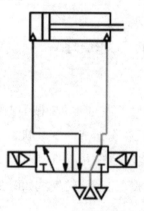

图 3-1-7   气缸的动作原理

从图 3-1-7 可知，当正动作线圈得电时，则正动作气路接通（正动作出气孔有气），气缸活塞杆伸出，即使正动作线圈失电，正动作气路仍然是接通的，一直维持到反动作线圈得电为止。当反动作线圈得电时，则反动作气路接通（反动作出气孔有气），气缸活塞杆缩回，即使反动作线圈失电，反动作气路仍然是接通的，一直维持到正动作线圈得电为止。双作用电磁阀用来控制气缸进气和出气，从而实现气缸的伸出、缩回动作。气动机械手的气动系统如图 3-1-8 所示。

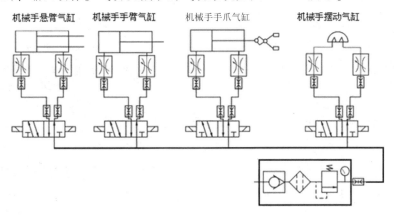

图 3-1-8　气动机械手的气动系统

 提　示

电磁阀安装时，要注意气体流动的方向，分清楚进气口和出气口。应检查各安装连接点有无松动、漏气现象。如进气口 P 与气源输出口连接，接错了就不能正常工作，电磁阀除了可以个体安装外，还可以集中安装在汇流底座上，即安装在集装底板上。YL-235A 机电一体化实训设备采用的就是这种安装方式。

二、机械手的工作方式

机械手的工作方式主要有手动、单步运行、单周期运行以及连续运行等几种。

1. 手动工作方式

利用多个按钮对机械手每一动作进行单独控制。例如，按下"下降"按钮时，机械手手臂下降，按"上升"按钮时，机械手手臂上升，按下"伸出"按钮时，机械手悬臂伸出，按下"缩回"按钮时，机械手悬臂缩回。用手动操作可以使机械手置于原位，还便于维修时机械手的调整。

2. 单步工作方式

利用启动按钮控制机械手按照设计好的工序顺序执行，从机械手的初始位置开始，每次按下启动按钮时，机械手执行一个动作，完成该动作后自动停止，再次按下启动按钮时，机械手按顺序执行下一个动作。

3. 单周期工作方式

利用启动按钮控制机械手按照设计好的工序顺序执行，从机械手的初始位置开始，每次按下启动按钮，机械手执行一个动作周期，完成该周期的动作后自动停止在初始位置，再次按下启动按钮，机械手再重复一个动作周期后停止在初始位置。

4. 连续工作方式

按下启动按钮，机械手从初始位置开始按工序自动反复连续循环工作，按下停止按钮后，机械手完成当前的搬运任务后自动停止在初始位置。

在机械手工作方式的选择上，可以根据具体的控制要求，选择其中的一种工作方式，也可以利用转换开关对工作方式进行选择，例如，用 2 个转换开关即可对四种工作方式进行选择，如表 3-1-2 所示。

表 3-1-2　利用两个转换开关对机械手运行方式进行选择

序号	工作方式	转换开关一（SA1）	转换开关二（SA2）
1	方式一	0	0
2	方式二	0	1
3	方式三	1	0
4	方式四	1	1

 提 示

在本次控制任务中，机械手的工作方式采用的是单周期运行工作方式，即按下停止按钮后，若接料平台上有物料，则机械手运行一个搬运周期后回到初始位置待机，若接料平台上没有物料，则机械手在初始位置待机，任意时刻按下停止按钮，机械手必须完成当前的搬运任务并回到初始位置后才能停止运行。

三、机械手搬运机构的控制与运行

1. 机械手的初始位置

机械手的初始位置要求所有气缸活塞杆均缩回。由于机械手的所有动作都是通过气缸来完成的，因此机械手的初始位置也就是机械手正常停止的位置。由于机械手的旋转气缸没有活塞杆，因此机械手的初始位置可以是左旋到位，也可以是右旋到位。本任务中要求机械手为左旋到位，机械手的初始位置如图3-1-9所示。

图3-1-9 机械手的初始位置

2. 机械手搬运装置的启动与停止条件

在本任务中，机械手搬运机构的主要功能是从接料平台上将物料搬运到皮带输送机的进料口。其控制要求如下：

（1）当系统处于运行状态且机械手处于初始位置时，若接料平台上的光电传感器检测到有物料，则机械手启动运行。

若接料平台上的光电传感器没有检测到物料，则机械手停在初始位置等待，直到接料平台上有物料后启动运行，如图3-1-10所示。

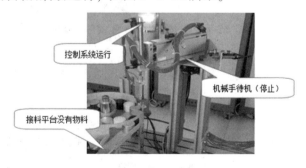

图3-1-10 系统运行过程中机械手的待机（停止）条件

153

（2）若按下停止按钮时，机械手正停在初始位置，且接料平台上没有物料，则机械手直接停止运行。若按下停止按钮时，机械手仍在搬运物料，则必须完成当前物料的搬运并返回初始位置，若此时接料平台上没有物料，则机械手停止，如图3-1-11所示。

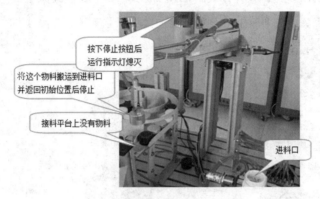

图 3-1-11　按下停止按钮后机械手的停止条件（一）

若接料平台上还有物料，必须将接料平台上的最后一个物料搬运完成并回到初始位置才能最终停止，如图3-1-12所示。

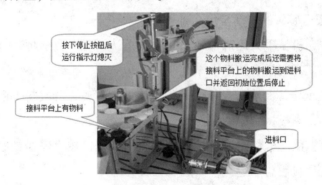

图 3-1-12　按下停止按钮后机械手的停止条件（二）

 提 示

机械手搬运工件全过程由悬臂气缸、手臂气缸、手爪气缸和旋转气缸之间的动作组合来完成。要使机械手能按要求完成工件的搬运，首先要考虑该装置能否安全运行，在安全运行的基础上要考虑运行效率的问题，最后要考虑操作控制是否简捷方便，这是编写生产设备控制程序时必须考虑的三个要素。

四、编程元件——状态继电器（S）

状态继电器（S）用来记录系统运行的状态，它是编制顺序控制程序的重要编程元件。状态继电器应与步进顺控指令 STL 配合使用。其编号为十进制。FX2N 系列 PLC 内部的状态继电器共有 1000 个，其类型和编号见表 3-1-3。

表 3-1-3　FX2N 系列 PLC 的状态继电器

类别	元件编号	点数	用途及特点
初始状态继电器	S0～S9	10	用于状态转移图（SFC）的初始状态
回零状态继电器	S10～S19	10	多运行模式控制当中，用作返回原点的状态
通用状态继电器	S20～S499	480	用作状态转移图（SFC）的中间状态
断电保持状态继电器	S500～S899	400	具有停电保持功能，断电再启动后，可继续执行
报警用状态继电器	S900～S999	100	用于故障诊断和报警

在使用状态继电器时，需要注意以下几个方面：

（1）状态继电器的编号必须在指定的类别范围内使用。

（2）状态继电器与辅助继电器一样有无数的常开和常闭触点，在 PLC 内部可自由使用。

（3）不使用步进顺控指令时，状态继电器可与辅助继电器一样使用。

（4）供报警用的状态继电器可用于外部故障诊断的输出。

（5）通用状态继电器和断电保持状态继电器的地址编号分配可通过改变参数来设置。

 提　示

对断电保持型的状态继电器在重复使用时要用 RST 指令复位。对报警用的状态继电器 S900～S999，要联合使用特殊辅助继电器 M8048、M8049 及应用指令 ANS、ANR。

五、步进顺控指令（STL、RET）

步进顺控指令只有两条，即步进阶梯（步进开始）指令（STL）和步进返回指令（RET）。

1. 指令的助记符及功能

步进顺控指令的助记符及功能如表 3-1-4 所示。

表 3-1-4　FX2N 系列 PLC 的状态元件

指令助记符名称	功能	梯形图符号	程序步
STL（步进开始指令）	与母线直接连接，表示步进顺控开始	H0 或 H S0 STL	1 步
RET（步进返回指令）	步进顺控结束，用于状态流程图结束返回主程序	[RET]	1 步

2. 关于指令功能说明

（1）STL 是利用软元件对步进顺控问题进行工序步进式控制的指令。RET 是指状态（S 元件）流程结束，返回主程序。

（2）STL 触点通过置位指令（SET）激活。当 STL 触点激活，则与其相连的电路接通；如果 STL 触点未激活，则与其相连的电路断开。

（3）STL 触点与其他元件触点意义不尽相同。STL 无常闭触点，而且与其他触点无 AND、OR 的关系。

六、编程的基本知识

1. 顺序功能图（状态转移图）的组成要素

使用顺序控制设计法时首先根据系统的工艺过程，画出顺序功能图，然后根据顺序功能图画出梯形图。所谓顺序功能图，就是描述顺序控制的框图，如图 3-1-13 所示。顺序功能图主要由步、有向连线、转换、转换条件和动作（或命令）五大要素组成。

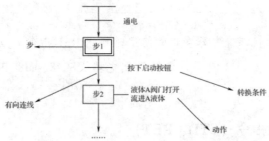

图 3-1-13　顺序功能图（状态转移图）的组成要素

（1）步及其划分。顺序控制设计法它最基本的思想是分析被控对象的工作过程及控制要求，根据控制系统输出状态的变化将系统的一个工作周期划分为若干个顺序相连的阶段，这些阶段就称为步，可以用编程元件（如辅助继电器 M 和状态继电器 S）来控制各步。步是根据 PLC 输出量的状态变化来划分的，在每一步内，各输出量的 ON/OFF 状态均保持不变。只要系统的输出量状态发生变化，系统就从原来的步进入新的步。

总之，步的划分应以 PLC 输出量状态的变化来划分。如果 PLC 输出状态没有变化，就不存在程序的变化，步的这种划分方法使代表各步的编程元件的状态与各输出量的状态之间有着极为简单的逻辑关系。

1）初始步。与系统的初始状态相对应的步称为初始步，初始状态一般是系统等待启动命令的相对静止的状态。初始步用双线框表示，如图 3-1-13 所示中的"步 1"；每一个顺序功能图至少应该有一个初始步。

2）活动步。当系统处于某一步所在的阶段时，该步处于活动状态，称该步为活动步，如图 3-1-13 中的"步 2"。步处于活动状态时，相应的动作被执行，如图 3-1-13 中"步 2"的液体 A 阀门打开流进 A 液体。

（2）与步对应的动作（或命令）。在某一步中要完成某些"动作"，"动作"是指某步活动时，PLC 向被控系统发出的命令，或被控系统应执行的动作。动作用矩形框中的文字或符号表示，该矩形框应与相应步的矩形框相连接。如果某一步有几个动作，可以用如图 3-1-14 中的两种画法来表示，但是并不隐含这些动作之间的任何顺序。

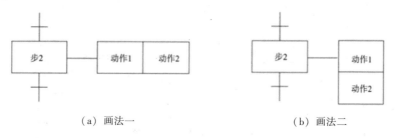

（a）画法一　　　　　　　　　　　　　（b）画法二

图 3-1-14　多个动作的表示方法

（3）有向连线、转换和转换条件。步与步之间用有向连线连接，并且用转换将步分隔开。步的活动状态进展是按有向连线规定的路线进行。有向连线上无箭头标注时，其进展方向是从上而下、从左到右。如果不是上述方向，应在有向连线上用箭头注明方向。

在顺序功能图中，步的活动状态的进展是由转换来实现的。转换的实现必须同时满足两个条件：

1）该转换所有的前级步都是活动步。

2）相应的转换条件得到满足。

转换是用与有向连线垂直的短划线来表示，步与步之间不允许直接相连，必须有转换隔开，而转换与转换之间同样也不能直接相连，必须有步隔开。

转换条件是与转换相关的逻辑命题。转换条件可以用文字语言、布尔代数式或图形符号、逻辑符号标在表示转换的短划线旁边，如图 3-1-15 所示。

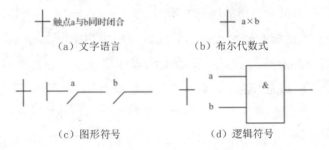

图 3-1-15　转换与转换条件

2. 顺序功能图的基本结构形式

根据步与步之间转换的不同情况，顺序功能图有三种不同的基本结构形式：单序列结构、选择序列结构和并行序列结构，如图 3-1-16 所示。

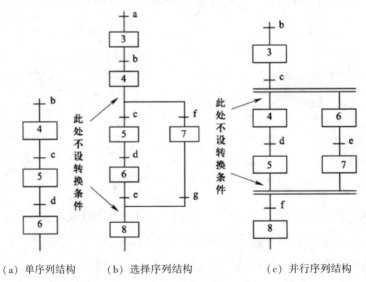

图 3-1-16　顺序功能图的基本结构形式

（1）单序列结构。如图 3-1-16（a）所示，单序列结构形式没有分支，它由一系列按顺序排列、相继激活的步组成。每一步的后面只有一个转换条件，每一个转换条件后面只有一步。当上一步为活动步且转换条件满足时，下一步激活，同时上一步变成不活动步。

（2）选择序列结构。如图 3-1-16（b）所示，选择序列结构形式有分支，当前步执行完时有两个或两个以上的步可转移。

选择序列的开始称为分支。在图 3-1-16（b）中，步 4 之后有两个分支，这两个分支不能同时执行，只能选择其中的一个分支执行。例如，当步 4 为活动步且条件 c 满足时，则转向步 5 执行；当步 4 为活动步且条件 f 满足时，则转向步 7 执行。但是，当步 5 被选中执行时，步 7 不能激活。同样，当步 7 被选中执行时，步 5 也不能激活。

选择序列的结束称为合并。在图 3-1-16（b）中，不论哪个分支的最后一步成为活动步，当条件满足时都要转向步 8。

（3）并行序列结构。如图 3-1-16（c）所示，并行序列结构形式也有分支，当转换条件满足时有两个或两个以上的步同时激活。

并行序列的开始也称为分支，但为了区别于选择序列结构的功能图，用双线来表示并行序列分支的开始，如图 3-1-16（c）所示。当步 3 为活动步且条件 c 满足时，则步 4 和步 6 同时被激活，变为活动步，而步 3 变为不活动步。

并行序列的结束也称为合并，但为了区别于选择序列结构的功能图，用双线来表示并行序列分支的合并。在图 3-1-16（c）中，并行序列各分支的最后一步（即步 5 和步 7）为活动步，且条件 f 满足时，则步 8 成为活动步，而步 5 和步 7 同时变为不活动步。

七、步进顺控指令的单序列结构的编程方法

使用 STL 指令的状态继电器的常开触点称为 STL 触点。从图 3-1-17 可以看出顺序功能图、步进梯形图和指令表的对应关系。

原理分析：该系统一个周期由 3 步组成，可分别对应 S0、S20 和 S21，步 S0 代表初始步。

当 PLC 上电进入 RUN 状态，初始化脉冲 M8002 的常开触点闭合一个扫描周期，梯形图第一行的 SET 指令将初始步 S0 置为活动步。除初始状态外，其余的状态必

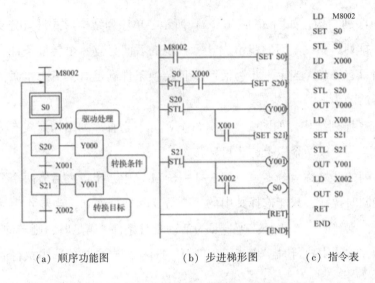

(a) 顺序功能图   (b) 步进梯形图   (c) 指令表

图 3-1-17 顺序功能图、步进梯形图和指令表

须用 STL 指令来引导。

在梯形图中，每一个状态的转换条件由指令 LD 或 LDI 引入，当转换条件有效时，该状态由置位指令 SET 激活，并由步进指令进入该状态。接着列出该状态下的所有基本顺控指令及转换条件。

在梯形图的第二行，S0 的 STL 触点与转换条件 X000 的常开触点组成的串联电路代表转换实现的两个条件。当初始步 S0 为活动步，X000 的常开触点闭合，转换实现的两个条件同时满足，置位指令 SETS20 被执行，后续步 S20 变为活动步，同时，S0 自动复位为不活动步。

S20 的 STL 触点闭合后，该步的负载被驱动，Y000 线圈通电。转换条件 X001 的常开触点闭合时，转换条件得到满足，下一步的状态继电器 S21 被置位，同时状态继电器 S20 被自动复位。S21 的 STL 触点闭合后，该步的负载被驱动，Y001 线圈通电。当转换条件 X002 的常开触点闭合时，用 OUT S0 指令使 S0 变为 ON 并保持，系统返回到初始步。

注意，在上述程序中的一系列 STL 指令之后要有 RET 指令，意为返回母线上。

 **提 示**

步进顺控指令在顺序功能图中的使用说明：

（1）每一个状态继电器具有三种功能，即对负载的驱动处理、指定转换条件和指定转换目标，如图 3-1-17（a）所示。

（2）STL 触点与左母线连接，与 STL 相连的起始触点要使用 LD 或 LDI 指令。使用 STL 指令后，相当于母线右移至 STL 触点的右侧，形成子母线，一直到出现下一条 STL 指令或者出现 RET 指令为止。RET 指令使右移后的子母线返回原来的母线，表示顺控结束。使用 STL 指令使新的状态置位，前一状态自动复位。步进触点指令只有常开触点。

每一状态的转换条件由指令 LD 或 LDI 指令引入，当转换条件有效时，该状态由置位指令激活，并由步进指令进入该状态，接着列出该状态下的所有基本顺控指令及转换条件，在 STL 指令后出现 RET 指令表明步进顺控过程结束。

（3）STL 触点可以直接驱动或通过别的触点驱动 Y、M、S、T 等元件的线圈和应用指令。

（4）由于 CPU 只执行活动步对应的电路块，所以使用 STL 指令时允许双线圈输出，即不同的 STL 触点可以分别驱动同一编程元件的一个线圈。但是，同一元件的线圈不能在同时为活动步的 STL 区内出现，在有并行序列的顺序功能图中，应特别注意这一问题。

（5）在步进顺控程序中使用定时器时，不同状态内可以重复使用同一编号的定时器，但相邻状态不可以使用。

 任务实施

一、分配输入点和输出点，写出 I/O 通道地址分配表

根据本任务控制要求，可确定 PLC 需要 10 个输入点，10 个输出点，其 I/O 通道分配表如表 3-1-5 所示。

表 3-1-5　I/O 通道地址分配表

输入			输出		
输入元件	作用	输入继电器	输出元件	作用	输出继电器
SB5	启动按钮	X0	HL1	初始位置指示	Y0
SB6	停止按钮	X1	电磁阀 1Y1	手爪夹紧	Y1

续表

输入			输出		
输入元件	作用	输入继电器	输出元件	作用	输出继电器
光电传感器	接料平台物料检测	X2	电磁阀 1Y2	手爪松开	Y2
电感传感器	左旋限位	X3	电磁阀 2Y1	机械手左旋	Y3
电感传感器	右旋限位	X4	电磁阀 2Y2	机械手右旋	Y4
磁性开关	伸出限位	X5	电磁阀 3Y1	悬臂伸出	Y5
磁性开关	缩回限位	X6	电磁阀 3Y2	悬臂缩回	Y6
磁性开关	上升限位	X7	电磁阀 4Y1	手臂上升	Y7
磁性开关	下降限位	X10	电磁阀 4Y2	手臂下降	Y10
磁性开关	夹紧限位	X11	绿色警示灯	运行指示	Y13

二、控制电路的连接

（1）根据 YL-235A 机电一体化实训装置的端子排接线布置图，将传感器、电磁阀连接线接到接线端子排上，四组双作用电磁阀的连接线连接至 10~25 端子，两个电感传感器及五个磁性开关的连接线接至 37~52 端子，接料平台物料检测光电传感器的连接线接至 34~36 端子。再用安全连接线将传感器、电磁阀转接至 PLC 控制模块。转接时注意安全插线的色别，红色安全插线连接 DC24V 正极，黑色安全插线连接 DC24V 负极，绿色安全插线连接输入信号，黄色安全插线连接输出信号。传感器和电磁阀连接完成后，进行按钮指示灯模块与 PLC 控制模块的连接。机械手控制电路连接完成后如图 3-1-18 所示。

（2）电路连接完成后，需要进行工艺整理，对电路进行绑扎，使之美观，符合电气规范的基本要求，电路进行工艺整理之后的效果如图 3-1-19 所示。

图 3-1-18　机械手搬运装置控制电路的连接

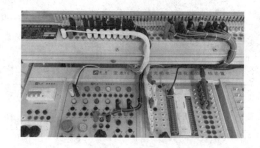

图 3-1-19　机械手搬运装置的控制电路连接效果

三、程序设计

连接 PLC 编程电缆，打开编程软件，按任务要求编写，并进行程序下载。

1. 系统顺序功能图

系统顺序功能图如图 3-1-20 所示。

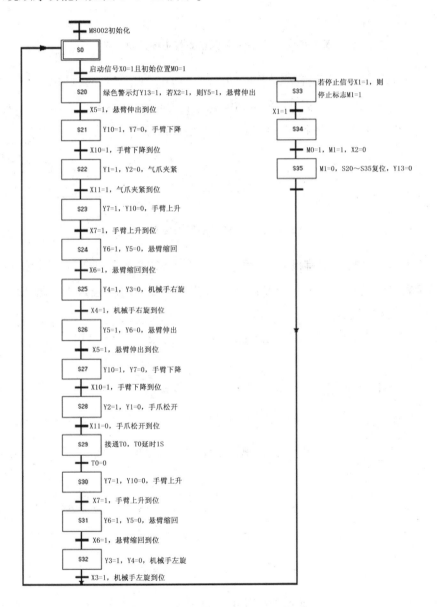

图 3-1-20　气动机械手顺序功能图

2. 梯形图控制程序

（1）机械手的初始位置控制程序。当机械手左旋到位、悬臂缩回到位、手臂上升到位、气爪松开时，机械手处于初始位置，此时机械手初始位置标志位 M0=1，初始位置指示灯 HL1 亮，机械手初始位置控制程序如图 3-1-21 所示。

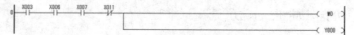

图 3-1-21　机械手初始位置梯形图控制程序

（2）机械手的启动控制程序。程序的启动（S0）：程序导通时，初始化脉冲 M8002 导通，程序开始运行，按下启动按钮（X0=1），若此时机械手处于初始位置，程序进入运行流程（即 S20=1），同时 S33=1（停止流程），参考程序如图 3-1-22 所示。

图 3-1-22　机械手的启动控制程序

（3）机械手的运行控制程序。第一个动作（S20）悬臂伸出：运行指示灯亮，同时当接料平台上有物料时，悬臂伸出，悬臂伸出到位时，进入工步 S21，参考程序如图 3-1-23 所示。

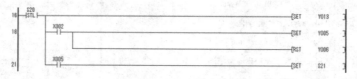

图 3-1-23　悬臂伸出控制程序

第二个动作（S21）手臂下降：手臂下降到位时，进入工步 S22，参考程序如图 3-1-24 所示。

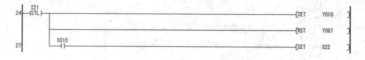

图 3-1-24　手臂下降控制程序

第三个动作（S22）气爪夹紧：气爪夹紧到位时，进入工步 S23，参考程序如图 3-1-25 所示。

图 3-1-25　气爪夹紧控制程序

第四个动作（S23）夹取物料后手臂上升：上升到位时，进入工步 S24，参考程序如图 3-1-26 所示。

图 3-1-26　从料台上夹取物料后手臂上升控制程序

第五个动作（S24）夹取物料后悬臂缩回：悬臂缩回到位时，进入工步 S25，参考程序如图 3-1-27 所示。

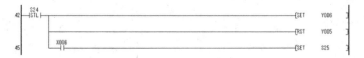

图 3-1-27　夹取物料后悬臂缩回控制程序

第六个动作（S25）夹取物料后机械手右旋：右旋到位后进入工步 S26，参考程序如图 3-1-28 所示。

图 3-1-28　夹取物料后机械手右旋转控制程序

第七个动作（S26）悬臂伸出：悬臂伸出到位后进入工步 S27，参考程序如 3-1-29 所示。

图 3-1-29　夹取物料并右旋到位后悬臂伸出控制程序

第八个动作（S27）手臂下降：手臂下降到位后进入工步 S28，参考程序如图

3-1-30所示。

图 3-1-30　夹取物料并右旋到位后手臂下降控制程序

第九个动作（S28）气爪松开放料：气爪松开到位后进入工步 S29，参考程序如图 3-1-31 所示。

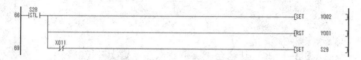

图 3-1-31　夹取物料并右旋到位后气爪松开控制程序

第十个动作（S29）气爪松开后延时 1s：1s 延时后进入工步 S30，参考程序如图 3-1-32 所示。

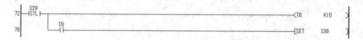

图 3-1-32　松开物料后延时 1s

第十一个动作（S30）手臂上升：手臂上升到位后进入工步 S31，参考程序如图 3-1-33 所示。

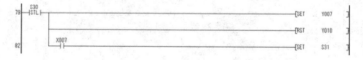

图 3-1-33　放料后手臂上升控制程序

第十二个动作（S31）悬臂缩回：悬臂缩回到位后进入工步 S32，参考程序如图 3-1-34 所示。

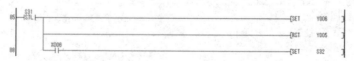

图 3-1-34　放料后悬臂缩回控制程序

第十三个动作（S32）机械手左旋返回初始位置：左旋到位后返回工步 S20，重复上述动作，参考程序如图 3-1-35 所示。

图 3-1-35 松开物料后机械手左旋转控制程序

（4）机械手的停止控制程序。任意时刻按下停止按钮，停止标志位 M1 = 1，等待机械手将当前的搬运任务执行完毕后返回初始位置时，M0 = 1，且接料平台上再没有可供搬运的物料，即 X2 = 0 时，执行停止操作。S20～S35 复位，停止标志位 M1 复位，运行指示灯熄灭，返回工步 S0。参考程序如图 3-1-36 所示。

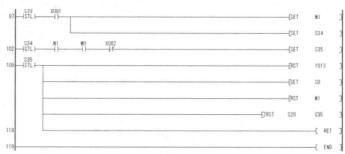

图 3-1-36 机械手的停止控制程序

机械手搬运装置的控制程序设计完成后，将程序转换，下载到 PLC 中，开始进行机械手搬运装置运行调试。

四、机械手搬运装置的运行调试

（1）经自检无误后，在指导教师的指导下，方可通电调试。

（2）按照表 3-1-6 进行操作，观察系统运行情况并做好记录。如出现故障，应立即切断电源，分析原因，检查电路或梯形图，排除故障后，方可进行重新调试，直到系统功能调试成功为止。

表 3-1-6　调试记录表

步骤	调试流程	正确现象	观察结果及解决措施
1	设备上电	红色警示灯闪亮	
2	原点指示	设备不在原点时，HL1 灭，设备在原点时 HL1 亮	
3	设备启动	（1）设备在初始位置，按下启动按钮 SB5 后，设备启动运行，同时绿色警示灯闪亮	
		（2）设备不在初始位置，按下启动按钮 SB5 无效	
4	机械手运行	（1）料台无料时，机械手停止在初始位置待机	
		（2）料台有料时，机械手悬臂伸出→手臂下降→手爪抓取工件→手臂上升→悬臂缩回→机械手向右转动→悬臂伸出→手臂下降→气爪松开放料并等待 1s→手臂上升→悬臂缩回→左旋回到初始位置	
5	设备停止	按下停止按钮，机械手须完成当前搬运任务并返回初始位置才能停止，同时绿色警示灯灭，原点指示灯 HL1 亮	

 提 示

在实际应用中，还可以用计数器对机械手搬运的物料进行计数统计，可以对机械手进行搬运数量设定，即完成设定的搬运数量后自动停止。同时，为了保护设备安全，有时也增加放料等待功能，即机械手夹取物料到达皮带输送机的进料口时，若进料口仍有物料，则机械手夹着物料在进料口处待机，等进料口空置以后再放料。通过触摸屏的监控画面，还可以实现机械手的运行状态监控，以及机械手搬运数量统计、搬运数量预置等功能。

 任务测评

对任务实施的完成情况进行检查，并将结果填入表 3-1-7 中。

表 3-1-7　任务测评表

序号	主要内容	考核要求	评分标准	配分	扣分	得分
1	控制电路的连接	根据任务，连接供料装置的控制电路	(1) 不能正确连接传感器扣5分 (2) 不能正确连接按钮扣5分 (3) 不能正确连接指示灯扣5分 (4) 不能正确连接双色警示灯扣10分 (5) 不能正确连接电磁阀扣5分	30		
2	编写控制程序	根据任务，编写供料装置的控制程序，实训任务中要求具备的功能	(1) 初始位置指示灯显示不正确，扣10分 (2) 不能按要求启动机械手扣10分 (3) 不能按要求停止机械手扣10分 (4) 不能按任务要求的动作顺序进行物料搬运，每错一步扣5分，最高50分，扣完为止	50		
3	供料装置的调试	根据任务，调试供料装置，使之符合任务要求	(1) 一次性调试成功，得10分 (2) 两次调试成功，得5分 (3) 三次调试成功，得3分 (4) 三次以上调试成功或者调试不成功不得分	10		
4	安全文明生产	劳动保护用品穿戴整齐；电工工具佩带齐全；遵守操作规程；尊重考评员，讲文明礼貌；考试结束要清理现场	(1) 考试中，违犯安全文明生产考核要求的任何一项扣2分，扣完为止 (2) 当考评员发现有重大事故隐患时，要立即予以制止，并每次扣安全文明生产总分5分 (3) 小组协作不和谐，效率低下扣5分	10		
合计						
开始时间：			结束时间：			

 知识拓展

1. 传感器的定义

传感器是一种检测装置，通常由敏感元件和转换元件组成，它酷似人类的"五官"（视觉、嗅觉、味觉、听觉和触觉），能感受到被测量的信息，并能将检测感受到的信号，按一定规律变换成为电信号或其他所需形式的信息输出，满足信息的传输、处理、存储、显示、记录和控制等要求。

2. 常用传感器

本任务中所用的行程开关 SQ1、SQ2 和 SQ3 采用的是型号为 LX19-121（单轮，滚轮装在传动杆外侧，能自动复位）的行程开关，由于小车运行过程中的频繁机械碰撞，影响了小车停车位置的准确性，同时也缩短了行程开关的使用寿命，逐渐被接近传感器（接近开关）所替代。常用的接近开关一般有以下几种：

（1）光电式接近开关。光电式接近开关的实物图如图 3-1-37 所示。

图 3-1-37　光电式接近开关的实物图

（2）电感式接近开关。电感式接近开关实物图如图 3-1-38 所示。

图 3-1-38　电感式接近开关实物图

（3）电容式接近开关。电容式接近开关实物图如图 3-1-39 所示。

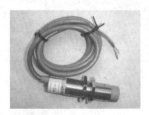

图 3-1-39　电容式接近开关实物图

下面是其他几种常见的传感器，如图 3-1-40 所示。

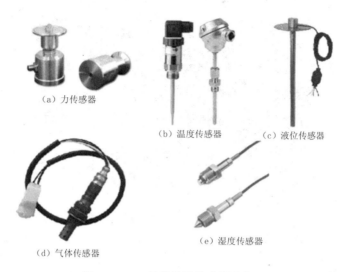

（a）力传感器

（b）温度传感器　　（c）液位传感器

（d）气体传感器　　　　（e）湿度传感器

图 3-1-40　几种常见传感器实物图

3. 传感器的符号

传感器的文字符号是 SQ，图形符号如图 3-1-41 所示。

图 3-1-41　传感器的图形符号

4. 传感器的接线

双出线传感器的接线如表 3-1-8 所示。

表 3-1-8　双出线传感器的接线

接线方法	接线示意图 （BN：棕；BU：蓝）	接线情况说明
双出线		负载与传感器串联接在电源两端，负载接在蓝线上。当没有感应信号时，传感器的触点不动作，负载两端无信号。当有感应信号时，传感器的触点动作，负载两端得到信号

当接通电源，传感器前无感应物体时，指示灯不亮；把感应物体慢慢靠近传感器，当感应物体与传感器感应面的距离为 5mm 左右时，传感器动作使指示灯亮，如图 3-1-42 所示。

171

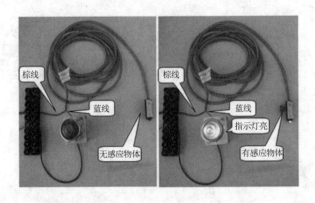

图 3-1-42 双出线传感器的接线

 提 示

在进行双出线传感器的接线时，应首先看清传感器两根引出线的颜色，然后根据双出线传感器的接线图，将 24V 直流电源、24V 直流指示灯、传感器等用导线连接。

任务二 分拣系统的安装与调试

学习目标

知识目标：

（1）了解光机电一体化装置的结构及各组成部分的用途和工作原理。

（2）掌握基本指令和步进顺控指令的综合应用。

（3）掌握选择序列结构状态转移图（SFC）的画法，并会通过状态转移图进行步进顺序控制的设计。

能力目标：

能根据控制要求，灵活地应用基本控制指令和步进顺控指令，完成机械手物料传送和分拣装置控制系统的程序设计，并通过仿真软件采用软元件测试的方法，进行仿真。

工作任务

根据任务皮带输送机与分拣装置控制要求，实现某自动生产线使用皮带输送机与分拣装置对金属、白色塑料、黑色塑料三种工件进行分拣。

一、任务控制要求

1. 设备启动前状态

设备在运行前应检查各部件是否在初始位置，是否能按要求运行。初始位置要求：机械手停在左限位，悬臂气缸、手臂气缸的活塞杆缩回，气爪处于松开状态，三个负责分拣的气缸的活塞杆均处于缩回状态。各部件符合上述要求后，警示灯组红色警示灯闪亮，指示设备已进入准备启动状态。如不符合初始位置要求，设备不能启动。

2. 设备各装置正常的工作流程

按下启动按钮 SB5，警示灯组红色警示灯熄灭、绿色警示灯闪亮，指示设备正在运行中。同时圆盘直流电动机转动，运送工件至机械手抓料平台。抓料平台光电传感器检测到工件到达信号后，使圆盘直流电动机停止并驱动机械手搬运工作。机械手搬运工件的动作顺序如下：悬臂伸出→手臂下降→延时 0.5s→气爪夹紧→延时 0.5s→手臂上升→悬臂缩回→机械手向右旋转→悬臂伸出→手臂下降→延时 0.5s→气爪放松→手臂上升→悬臂缩回→机械手向左旋转→初始位置。

机械手将工件放入输送皮带工件进料口、手臂上升的同时，圆盘直流电动机转动，运送下一个工件至机械手手抓平台，为机械手继续搬运做准备。

在机械手搬运工件、悬臂气缸到达右限位的同时，三相交流异步电动机启动，以 15Hz 的频率正向运行。当进料口光电传感器接收到工件到达信号后，三相交流异步电动机以 30Hz 频率正向运行。如果运送的是黑色塑料工件，将被视为不合格工件，运送到气缸Ⅰ处，气缸Ⅰ处的活塞杆伸出，将其直接推入废料槽，工件推出输送皮带后三相异步电动机停止。如果运送的是金属和白色塑料工件，将被视为合格工件，运送到气缸Ⅱ处，三相交流异步电动机改为以 20Hz 的频率正向运行。两种工件必须运送到"清洗"程序完成后，金属工件由气缸Ⅲ的活塞杆伸出，将其推入金属包装槽；如果是白色塑料工件，"清洗"完成后三相交流异步电动机以 20Hz

的频率反向运行，运送到气缸 II 处，气缸 II 处的活塞杆伸出，将其直接推入白色塑料包装槽，工件推出输送皮带后三相交流异步电动机停止。

当任何一条合格工件包装槽内装满 3 个工件时需要包装，时间为 30s。白色塑料工件包装时指示灯 HL4 亮，金属工件包装时指示灯 HL5 亮。包装结束后指示灯熄灭，将工件取走后，计数自动归零。

注意：正在包装的时候禁止合格工件推入包装槽，如果有合格工件到达，需要推入时，必须等包装完成后才可推入。

为保证设备的正常运行，分拣装置有工件在输送皮带上时，机械手悬臂气缸的活塞杆不能伸出搬运工件。等工件推出后，机械手继续运行。

3. 设备的正常停止

设备运行过程中按下 SB6，圆盘直流电动机立即停止，机械手将完成当前工件的搬运后回到初始位置停止，分拣装置须完成输送皮带上工件的分拣后才能停止。停止后绿色警示灯熄灭、红色警示灯闪亮。

4. 紧急情况的处理

设备运行过程中如果出现紧急情况，需要立即停止设备时，可按下急停开关，按下急停开关后所有装置都停止运行，绿色指示灯熄灭、指示灯 HL6 每秒闪亮 2 次、蜂鸣器鸣叫。急停开关复位后，指示灯 HL6 由闪亮变为长亮、蜂鸣器停止鸣叫。如要启动设备，再按下启动按钮 SB5，指示灯 HL6 熄灭、绿色警示灯闪亮，设备接着急停时的工作顺序运行。

二、试根据机械手物料分拣模拟装置的工作要求完成下列工作任务

（1）画出机械手物料传送和分拣模拟装置的电气控制原理图，并按照电气控制原理图连接电路。

（2）编写 PLC 控制机械手物料分拣模拟装置工作程序，设置变频器参数。

（3）运行调试程序，达到机械手物料分拣模拟装置的工作要求。

 任务准备

实施本任务教学所使用的实训设备及工具材料可参考表 3-2-1。

表 3-2-1　实训设备及工具材料

序号	分类	名称	型号规格	数量	单位	备注
1	工具	电工常用工具		1	套	
2	仪表	万用表	MF47 型	1	块	
3	设备器材	编程计算机		1	台	
4		静音气泵		1	台	
5		机电一体化设备	YL-235A	1	条	
6		可编程序控制器	FX2N-48MR	1	台	

 相关理论

一、供料装置

机械手物料传送和分拣模拟装置的供料装置主要由放料圆盘、圆盘驱动直流电机、物料支架和出料口传感器等几部分组成。机械手物料分拣模拟装置的供料装置的结构如图 3-2-1 所示。

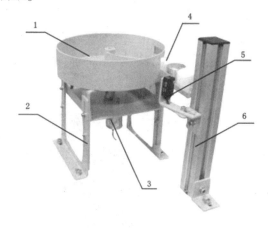

图 3-2-1　机械手物料分拣模拟装置的供料装置的结构示意图
1—圆盘；2—调节支架；3—直流电机；4—物料；5—出料口传感器；6—物料检测支架

1. 放料转盘
转盘中共放有金属物料、白色非金属物料和黑色非金属物料三种物料。

2. 圆盘驱动直流电机
电机采用 24V 直流减速电机，转速 6r/min；用于驱动放料转盘旋转。

3. 物料支架

将物料有效定位，并确保每次只上一个物料。

4. 出料口传感器

物料检测为光电漫反射型传感器，主要为 PLC 提供一个输入信号，如果运行中，光电传感器没有检测到物料并保持若干秒钟，则应让系统停机然后报警。

二、机械手搬运装置

整个机械手搬运装置能完成四个自由度动作，手臂伸缩、手臂旋转、手爪上下、手爪松紧。其主要由手爪提升气缸、磁性传感器、手爪、旋转气缸、接近传感器、伸缩气缸和缓冲器等几部分组成。机械手搬运装置的结构如图 3-2-2 所示。

1. 手爪提升气缸

提升气缸采用双向电控气阀控制。

2. 磁性传感器

用于气缸的位置检测。检测气缸伸出和缩回是否到位，为此在前点和后点上各一个，当检测到气缸准确到位后将给 PLC 发出一个信号（在应用过程中棕色接 PLC 主机输入端，蓝色接输入的公共端）。

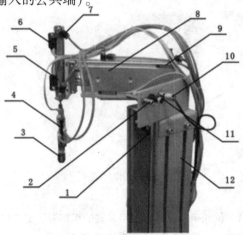

图 3-2-2　机械手物料分拣模拟装置的机械手搬运装置的结构示意图

1—旋转气缸；2—非标螺丝；3—气动手爪；4—手爪磁性开关 Y59BLS；5—提升气缸；

6—磁性开关 D-C73；7—节流阀；8—伸缩气缸；9—磁性开关 D-Z73；10—左右限位传感器；

11—缓冲阀；12—安装支架

3. 手爪

抓取和松开物料由双电控气阀控制，手爪夹紧磁性传感器有信号输出，指示灯亮，在控制过程中不允许两个线圈同时得电。

4. 旋转气缸

机械手臂的正反转，由双电控气阀控制。

5. 接近传感器

机械手臂正转和反转到位后，接近传感器信号输出（在应用过程中棕色线接直流 24V 电源"+"、蓝色线接直流 24V 电源"−"、黑色线接 PLC 主机的输入端）。

6. 伸缩气缸

机械手臂伸出、缩回，由电控气阀控制。气缸上装有两个磁性传感器，检测气缸伸出或缩回位置。

7. 缓冲器

旋转气缸高速正转和反转时，起缓冲减速作用。

三、物料传送和分拣装置

机械手物料分拣模拟装置的物料传送和分拣装置的结构如图 3-2-3 所示。主要由落料口传感器、落料孔、料槽、电感式传感器、光纤传感器、三相异步电机和推料气缸等几部分组成。

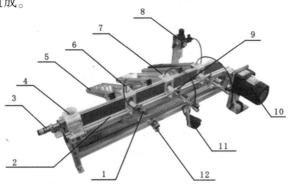

图 3-2-3　机械手物料分拣模拟装置的物料传送和分拣装置的结构示意图

1—磁性开关 D-C73；2—传送分拣机构；3—落料口传感器；4—落料孔；5—料槽；
6—电感式传感器；7—光纤传感器；8—过滤调压阀；9—节流阀；
10—三相异步电机；11—光纤放大器；12—推料气缸

1. 落料口传感器

检测是否有物料到传送带上，并给 PLC 一个输入信号。

2. 落料孔

物料落料位置定位。

3. 料槽

放置物料。

4. 电感式传感器

检测金属材料，检测距离为 3~5mm。

5. 光纤传感器

用于检测不同颜色的物料，可通过调节光纤放大器来区分不同颜色的灵敏度。

6. 三相异步电机

驱动传送带转动，由变频器控制。

7. 推料气缸

将物料推入料槽，由电控气阀控制。

四、气动原理

气动是"气压传动与控制"或"气动技术"的简称。气动技术是以压缩空气为工作介质进行能量传递或信号传递的工程技术，是实现各种生产控制、自动控制的手段之一。

1. 气动系统的构成

一个完整的气动系统由能源部件、控制元件、执行元件和辅助装置四部分组成。

用规定的图形符号来表征系统中的元件、元件之间的连接，压缩气体的流动方向和系统实现的功能，这样的图形叫气动系统图或气动回路图，如图 3-2-4 所示。

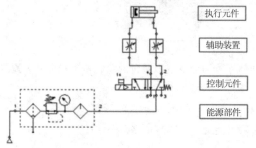

图 3-2-4 气动系统结构

　　本装置气动主要分为两部分：①气动执行元件部分有双作用单出杆气缸、双作用单出双杆气缸、旋转气缸、气动手爪。②气动控制元件部分有单控电磁换向阀、双控电磁换向阀、节流阀、磁性限位传感器。气动原理如图3-2-5所示。

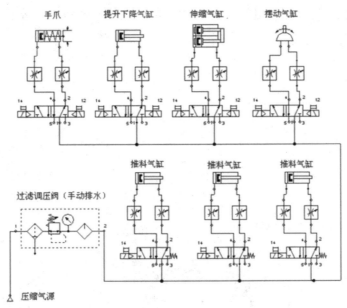

图 3-2-5　气动原理

2. 气动系统的特点

　　自动化实现的主要方式有机械方式、电气方式、液压方式和气动方式等。与其他传动及控制方式相比，气动方式主要有以下特点：

　　（1）优点。

　　1）气动介质是空气，用量不受限制，压缩空气可进行远距离输送，在极端温度下仍能保证可靠工作，不需要昂贵的防爆设施，系统中泄漏出的介质不会造成污染。

　　2）气动部件结构简单，价格便宜。

　　3）具有良好的可调节性。

　　4）过载不会造成危险。

　　（2）缺点。

　　1）压缩空气必须经过良好的过滤和干燥，不能含有灰尘和水分等杂质。

　　2）气动执行元件的工作速度稳定性和定位性能差。

3）不适用于需要高速传递信号的复杂电路。

4）气动元件在工作时噪声较大，因此高速排气时要加消声器。

5）输出力小，通常为 1~4MPa。

6）使用空气压缩机将电能转换为压力能，执行元件将压力能转换为机械能，能量转换环节多，能量损失大，整个气动系统的效率低。

五、气缸电控阀的使用

气缸的正确运动使物料分到相应的位置，只要交换进出气的方向就能改变气缸的伸出（缩回）运动，气缸两侧的磁性开关可以识别气缸是否已经运动到位，如图3-2-6所示。

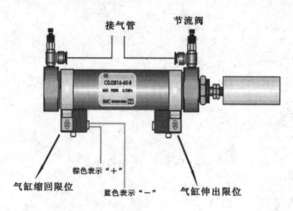

图 3-2-6　气缸示意图

1. 双向电控阀

双向电控阀用来控制气缸进气和出气，从而实现气缸的伸出、缩回运动。电控阀内装的红色指示灯有正负极性，如果极性接反了也能正常工作，但指示灯不会亮，如图3-2-7所示。

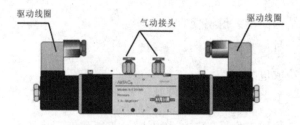

图 3-2-7　双向电磁阀示意图

2. 单向电控阀

单向电控阀用来控制气缸单个方向运动，实现气缸的伸出、缩回运动。与双向电控阀的区别在于：双向电控阀初始位置是任意的，可以随意控制两个位置，而单控阀初始位置是固定的，只能控制一个方向，如图 3-2-8 所示。

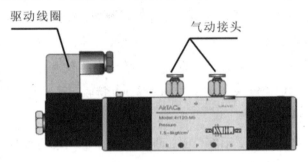

图 3-2-8 单向电磁阀示意图

3. 气动手爪控制

当手爪由单向电控气阀控制时，电控气阀得电，手爪夹紧；电控气阀断电，手爪张开，如图 3-2-9 所示。

当手爪由双向电控气阀控制时，手爪抓紧和松开分别由一个线圈控制，在控制过程中不允许两个线圈同时得电。

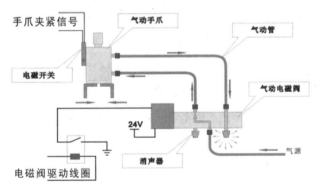

图 3-2-9 手爪控制示意图

六、传感器应用说明

1. 常用传感器的使用说明

（1）电感式接近传感器。电感式接近传感器由高频震荡、检波、放大、触发及输出电路等组成。振荡器在传感器检测面产生一个交变电磁场，当金属物料接近传感器检测面时，金属中产生的涡流吸收了振荡器的能量，使振荡减弱以致停滞。振荡器的震荡及停振这两种状态，转换为电信号通过整形放大器转换成二进制的开关信号，经功率放大后输出。

（2）光电传感器。光电传感器是一种红外调制型无损检测光电传感器。采用高效果红外发光二极管、光敏三极管作为光电转换元件。工作方式有同轴反射和对射型。在本实训装置中均采用同轴反射型光电传感器，其具有体积小、使用简单、性能稳定、寿命长、响应速度快、抗冲击、耐震动、接收不受外界干扰等优点。

2. 磁性开关的使用说明

磁性开关是用来检测气缸活塞位置，即检测活塞的运动行程的。它可分为有触点式和无触点式两种。本装置上用的磁性开关均为有触点式的。它是通过机械触点的动作进行开关的通（ON）断（OFF）。

用磁性开关来检测活塞的位置，从设计、加工、安装、调试等方面，都比使用其他限位开关方式简单、省时。触点接触电阻小，一般为 $50 \sim 200 \mathrm{m}\Omega$，但可通过电流小，过载能力较差，只适合低压电路。

响应快，动作时间为 1.2ms。耐冲击，冲击加速度可达 $300 \mathrm{m/s}^2$，无漏电流存在。

使用注意事项：

（1）安装时，不得让开关受过大的冲击力，如将开关打入、抛扔等。

（2）不要把控制信号线与电力线（如电动机供电线等）平行并排在一起，以防止磁性开关的控制电路由于干扰造成误动作。

（3）磁性开关的连接线不能直接接到电源上，必须串接负载，且负载绝不能短路，以免开关烧坏。

（4）带指示灯的有触点磁性开关，当电流超过最大允许电流时，发光二极管会损坏；若电流在规定范围以下，发光二极管会变暗或不亮。

（5）安装时，开关的导线不要随气缸运动，不仅是导线易断，而且应力加在开关内部，开关内部元件可能受损。

（6）磁性开关不要用于有磁场的场合，这会造成开关的误动作，或者使内部磁环减磁。

（7）DC24V 带指示灯的开关是有极性的，茶色线为"＋"，蓝色线为"－"；本实训装置中所用到的均为 DC24V 带指示灯有触点开关。

七、机械手物料传送和分拣模拟装置的电气电路说明

1. 电气电路组成

本装置电气部分主要由电源模块、按钮模块、可编程控制器（PLC）模块、变频器模块、三相异步电动机、接线端子排等组成。所有的电气元件均连接到接线端子排上，通过接线端子排连接到安全插孔，由安全接插孔连接到各个模块，结构为拼装式，各个模块均为通用模块，可以互换，能完成不同的项目控制，扩展性较强。本任务装置电气部分的各个模块如图 3-2-10 所示。

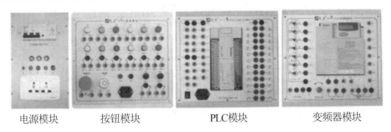

电源模块　　　　按钮模块　　　　PLC模块　　　　变频器模块

图 3-2-10　机械手物料传送和分拣模拟装置电气部分的各个模块示意图

（1）电源模块。主要由三相电源总开关（带漏电和短路保护）、熔断器和单相电源插座三部分组成。其中，三相电源总开关是本项目装置的总电源控制，而单相电源插座用于模块电源连接和给外部设备提供电源，模块之间电源采用安全导线方式连接。

（2）按钮模块。提供了多种不同功能的按钮和指示灯（DC24V）、急停按钮、转换开关、蜂鸣器。所有接口采用安全插连接。内置开关电源（24V/6A 一组，12V/2A 一组，）为外部设备工作提供电源。其中指示灯共有绿色和红色两种颜色。引出线五根，其中并在一起的两根粗线是电源线（红线接"+24"，黑红双色线接"GND"），其余三根是信号控制线（棕色线为控制信号公共端，如果将控制信号线中的红色线和棕色线接通，则红灯闪烁，将控制信号线中的绿色线和棕色线接通，则绿灯闪烁）。

（3）PLC 模块。采用三菱 FX2N-48MR 继电器输出，所有接口采用安全插连接。

（4）变频器模块。三菱 E540-0.75KW 控制传送带电机转动，所有接口采用安

全插连接。

2. 变频器操作

（1）变频器的接线端子如图 3-2-11 所示。

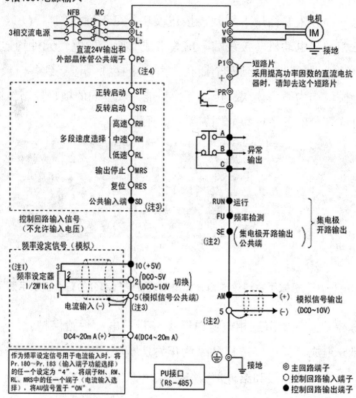

图 3-2-11　变频器的接线端子示意图

（2）变频器操作面板说明。

1）变频器操作面板功能如图 3-2-12 所示。

2）变频器操作面板键功能表说明如表 3-2-2 所示。

3）变频器操作面板单位表示和状态表示说明如表 3-2-3 所示。

（3）三菱变频器参数设置如表 3-2-4 所示。

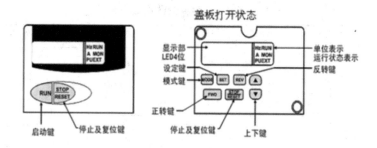

图 3-2-12　变频器的操作面板功能示意图

表 3-2-2　变频器面板操作键的功能表

按　键	说　明
RUN 键	正转运行指令键
MODE 键	可用于选择操作模式或设定模式
SET 键	用于确定频率和参数的设定
▲/▼ 键	·用于连续增加或降低运行频率。按下这个键可以改变频率 ·在设定模式中按下此键，则可连续设定参数
FWD 键	用于给出正转指令
REV 键	用于给出反转指令
STOP RESET 键	·用于停止运行 ·用于保护功能动作输出停止时复位变频器

表 3-2-3　变频器面板单位表示和状态表示说明

表　示	说　明
HZ	表示频率时，灯亮 （Pr. 52"操作面板/PU 主显示数据"为"100"时，有闪烁/亮灯动作）
A	表示电流时，灯亮
RUN	变频器运行时灯亮。正转时/灯亮，反转时/闪亮
MON	监视模式时灯亮
PU	PU 操作模式时灯亮
EXT	外部操作模式时灯亮

表 3-2-4　三菱变频器参数设置

序号	参数代号	参数值	说明
1	P4	30	高速
2	P5	20	中速
3	P6	15	低速
4	P7	5	加速时间
5	P8	5	减速时间
6	P14	0	
7	P79	2	电动机控制模式
8	P80	默认	电动机的额定功率
9	P82	默认	电动机的额定电流
10	P83	默认	电动机的额定电压
11	P84	默认	电动机的额定频率

八、用步进指令实现的选择序列结构的编程方法

用步进指令实现的选择序列结构的编程方法主要有选择序列分支的编程方法和选择序列合并的编程方法两种。

1. 选择序列分支的编程方法

如图 3-2-13 所示的步 S20 之后有一个选择序列分支。当步 S20 为活动步时，如果转换条件 X002 满足，将转换到步 S21；如果转换条件 X003 满足，将转换到步 S22；如果转换条件 X004 满足，将转换到步 S23。

如果某一步的后面有 N 条选择序列的分支，则该步的 STL 触点开始的电路中应有 N 条分别指明各转换条件和转换目标的并联电路。对于图 3-2-13 中步 S20 之后的这三条支路有三个转换条件 X002、X003 和 X004，可能进入步 S21、步 S22 和步 S23，所以在步 S20 的 STL 触点开始的电路块中，有三条由 X002、X003 和 X004 作为置位条件的串联电路。STL 触点具有与主控指令（MC）相同的特点，即 LD 点移到了 STL 触点的右端，对于选择序列分支对应的电路设计，是很方便的。用 STL 指令设计复杂系统梯形图时更能体现其优越性。

2. 选择序列合并的编程方法

如图 3-2-14 所示的步 S24 之前有一个由三条支路组成的选择序列的合并。当

步 S21 为活动步，转换条件 X001 得到满足；或者步 S22 为活动步，转换条件 X002 得到满足；或者步 S23 为活动步，转换条件 X003 得到满足时，都将使步 S24 变为活动步，同时将步 S21、步 S22 和步 S23 变为不活动步。

在梯形图中，由 S21、S22 和 S23 的 STL 触点驱动的电路块中均有转换目标 S24，对它们的后续步 S24 的置位是用 SET 指令来实现的，对相应的前级步的复位是由系统程序自动完成的。其实在设计梯形图时，没有必要特别留意选择序列的合并如何处理，只要正确地确定每一步的转换条件和转换目标，就能自然地实现选择序列的合并。

九、选择性序列结构状态流程图的特点

从上述的选择序列分支和选择序列合并的编程方法可得出选择性序列结构状态流程图的特点，其特点如下：

（1）选择性分支流程的各分支状态的转移由各自条件选择执行，不能进行两个或两个以上的分支状态同时转移。

（2）选择性分支流程在分支时是先分支后条件。

（3）选择性分支流程在汇合时是先条件后汇合。

（4）FX 系列的分支电路，可允许最多 8 列，每列允许最多 250 个状态。

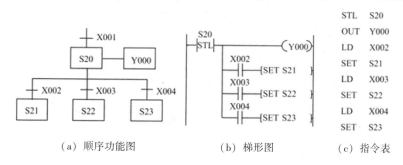

（a）顺序功能图　　　　　（b）梯形图　　　　　（c）指令表

图 3-2-13　选择序列分支的编程法示例

 **提 示**

值得注意的是：在分支、合并的处理程序中，不能用 MPS、MRD、MPP、ANB、ORB 指令。

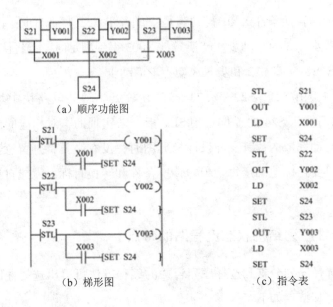

（a）顺序功能图

（b）梯形图　　　　　　　　　　　　（c）指令表

图 3-2-14　选择序列合并的编程方法示例

 任务实施

一、根据控制要求，使用 **4** 个二位五通双控电磁阀分别驱动机械手的 **4** 个气缸，使用 **3** 个二位五通单控电磁阀分别驱动 **3** 个负责推料的气缸，分配 **PLC** 的输入/输出地址

（1）根据动作过程确定输入点数。所用检测传感器占用的输入点数为 18 个，启动、停止和急停需要输入点数 3 个，共计 21 个输入点。

（2）根据工作过程和气动系统图，可以确定完成生产线工件分送系统所需要的输出点。

1）圆盘直流电动机 1 个。

2）机械手动作有机械手悬臂伸出、缩回，手臂上升、下降，气爪抓紧、松开，机械手左摆、右摆，共需要 8 个输出点。

3）气缸推送工件动作：气缸 I、气缸 II、气缸 III 动作，共需要 3 个输出点。

4）皮带输送机运行：正反转运行 2 个输出点，高、中、低速运行，变频器需要 3 个输出点，共计 5 个输出点。

5）指示：包括白色塑料包装指示灯、金属包装指示灯、紧急停止指示灯、红色指示灯、绿色指示灯和蜂鸣器共 6 个输出点。

由以上分析可知，完成机械手传送和分拣物料控制需要占用 PLC 的输出点数共 23 个。

（3）PLC 输入/输出元件地址分配如表 3-2-5 所示。

表 3-2-5 PLC 输入/输出元件地址分配表

输入地址		输出地址	
启动按钮 SB5	X0	驱动悬臂伸出	Y0
停止按钮 SB6	X1	驱动悬臂缩回	Y1
悬臂气缸前限位传感器	X2	驱动手臂下降	Y2
悬臂气缸后限位传感器	X3	驱动手臂上升	Y3
手臂气缸下限位传感器	X4	驱动机械手向右旋转	Y4
手臂气缸上限位传感器	X5	驱动机械手向左旋转	Y5
旋转气缸左限位传感器	X6	驱动气爪夹紧	Y6
旋转气缸右限位传感器	X7	驱动气爪放松	Y7
手爪气缸夹紧限位传感器	X10	圆盘直流电动机	Y10
抓料平台光电传感器	X11	气缸 I 推出	Y11
输送皮带进料口光电传感器	X12	气缸 II 推出	Y12
位置 I 光纤传感器	X13	气缸 III 推出	Y13
气缸 I 前限位	X14	白色塑料包装指示灯 HL4	Y14
气缸 I 后限位	X15	金属包装指示灯 HL5	Y15
位置 II 光纤传感器	X16	紧急停止指示灯 HL6	Y16
气缸 II 前限位	X17	蜂鸣器	Y17
气缸 II 后限位	X20	三相交流异步电动机正转运行	Y20
位置 III 光纤传感器	X21	三相交流异步电动机反转运行	Y21
气缸 III 前限位	X22	三相交流异步电动机高速运行	Y22
气缸 III 后限位	X23	三相交流异步电动机中速运行	Y23
急停开关 QS	X24	三相交流异步电动机低速运行	Y24
		红色警示灯	Y25
		绿色警示灯	Y26

二、画出 PLC 接线图（I/O 接线图）

本任务控制的 PLC 接线图如图 3-2-15 所示。

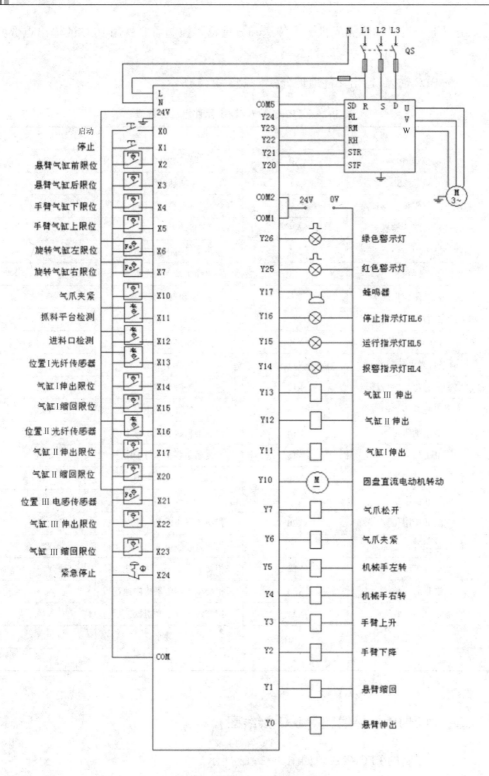

图 **3-2-15** 机械手物料传送和分拣模拟装置 **I/O** 接线图

三、程序设计

从控制要求分析可知，本任务设备具有以下功能：供料、搬运、区分合格与不合格工件、"清洗"、"包装"、分拣、急停、报警、三相交流异步电动机以三种速度及正反转运行。

1. 程序设计思路

从本任务的控制要求分析可知，本任务装置中的基本动作都是顺序控制，因此在设计动作时既可以选择基本指令实现的动作控制法，也可以选择三菱 PLC 的步进梯形图指令控制法作为设计导向。

2. 系统程序的编写

（1）机械手程序的编写。保证系统的各个部件在原位时，按下启动按钮，接通一个 PLC 的内部辅助继电器（自锁）作为系统开始运行第一个动作的状态标志，此状态标志用于控制圆盘直流电动机的启/停，用这个状态标志与抓料平台的物料检测信号串联，作为下一个动作的触发条件，并用下一个动作去复位上一个动作的状态标志。依照这样的规律设计机械手的其余动作，整个机械手动作的顺序功能如图 3-2-16 所示。

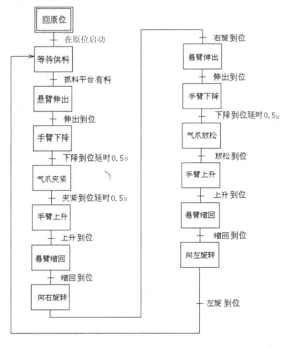

图 3-2-16　机械手动作的顺序功能

其控制程序梯形图如图 3-2-17 所示。

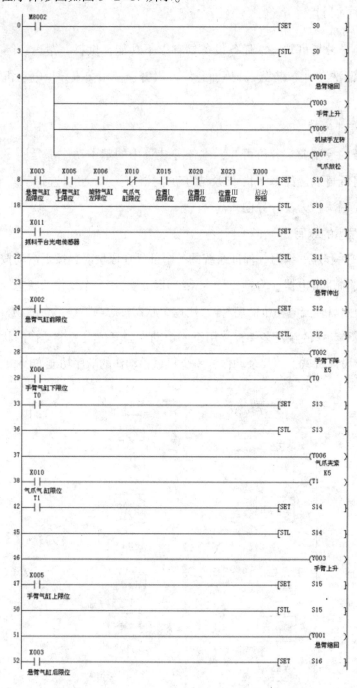

图 3-2-17 机械手动作控制梯形图

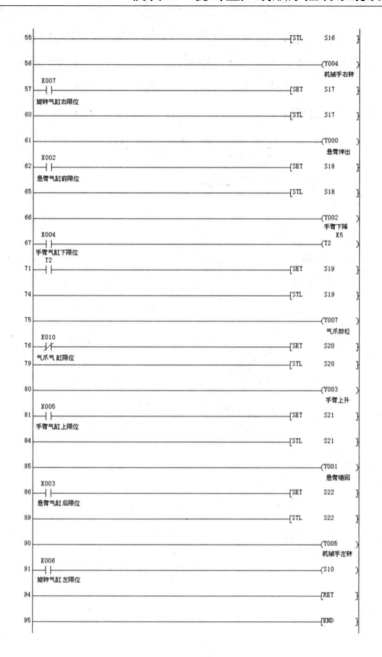

图 3-2-17 机械手动作控制梯形图（续）

（2）皮带送料分拣部分程序的编写。从任务控制要求分析可知，皮带送料分拣工作是在机械手右转到位后，皮带机启动并低速运行；当输送皮带进料口有工件到达信号，皮带机会正向高速运行，此时有三种流程方式进行送料分拣：①若为黑色不合格工件运送到位置Ⅰ直接推入废料槽。②若为金属工件运送到位置Ⅱ后皮带机正向中速运行，到达位置Ⅲ停止并延时 3s，然后将金属工件推入包装槽。③若为白色塑料工件运送到位置Ⅱ后皮带机正向中速运行，到达位置Ⅲ停止并延时 3s，然后皮带机反向中速运行，回到位置Ⅱ将白色塑料工件推入包装槽。对于这种控制方式，可采用选择性分支的编程方法画出其顺序功能图，如图 3-2-18 所示。

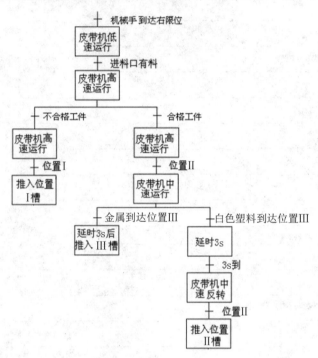

图 3-2-18　皮带送料分拣的顺序功能图

其控制程序梯形图如图 3-2-19 所示。

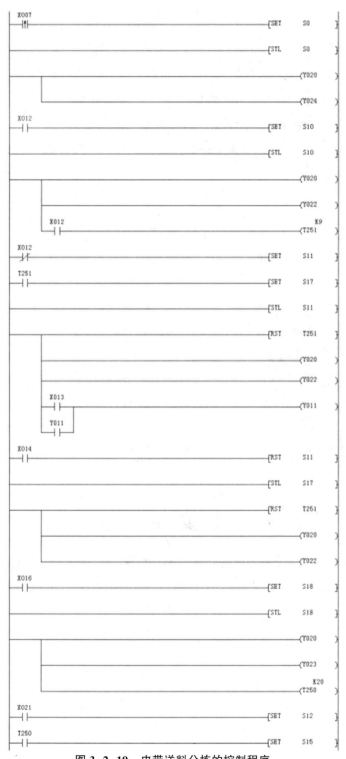

图 3-2-19　皮带送料分拣的控制程序

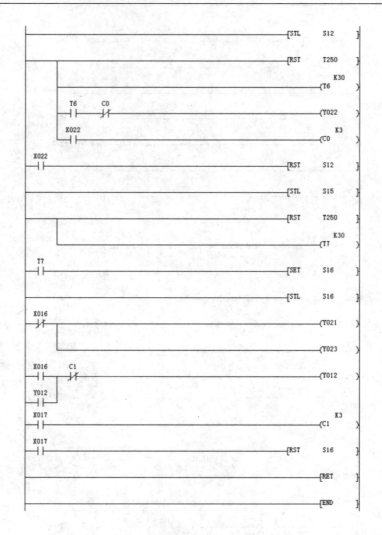

图 3-2-19 皮带送料分拣的控制程序（续）

（3）机械手与皮带送料分拣的联合控制。机械手与皮带送料分拣的联合控制可采用并行性编程方法进行编程设计，其顺序功能图如图 3-2-20 所示。

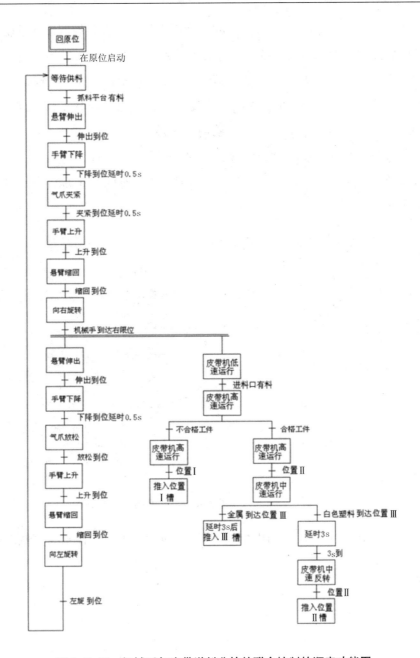

图 3-2-20　机械手与皮带送料分拣的联合控制的顺序功能图

其梯形图为图 3-2-17 和图 3-2-19 所示的梯形图综合，在此不再赘述，读者可自行编写。

（4）设备紧急情况程序控制。从任务控制要求可知，该设备在运行过程中出现紧急情况时，有急停和自动报警控制。在设计本任务的急停控制时，可以通过急停开关 QS（X024）控制急停辅助继电器 M0，然后通过串联在各控制单元的辅助继电器 M0 常闭触点的分断来实现设备的所有装置都停止运行。另外，当设备出现紧急停止的情况时，绿色指示灯（Y026）熄灭、紧急停止指示灯 HL6（Y016）每秒闪亮 2 次、蜂鸣器（Y017）鸣叫。急停开关复位后，紧急停止指示灯 HL6（Y016）由闪亮变为长亮、蜂鸣器（Y017）停止鸣叫。如要启动设备，再按下启动按钮 SB5（X0），紧急停止指示灯 HL6（Y016）熄灭、绿色警示灯（Y026）闪亮，设备接着急停时的工作顺序运行。如图 3-2-21 所示的梯形图是本任务正常启停和紧急停止及报警控制的梯形图。

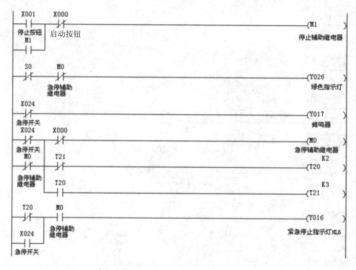

图 3-2-21　正常启停和紧急停止及报警控制的梯形图

（5）本任务控制的完整梯形图的编写。综上所述，本任务控制的完整梯形图如图 3-2-22 所示。

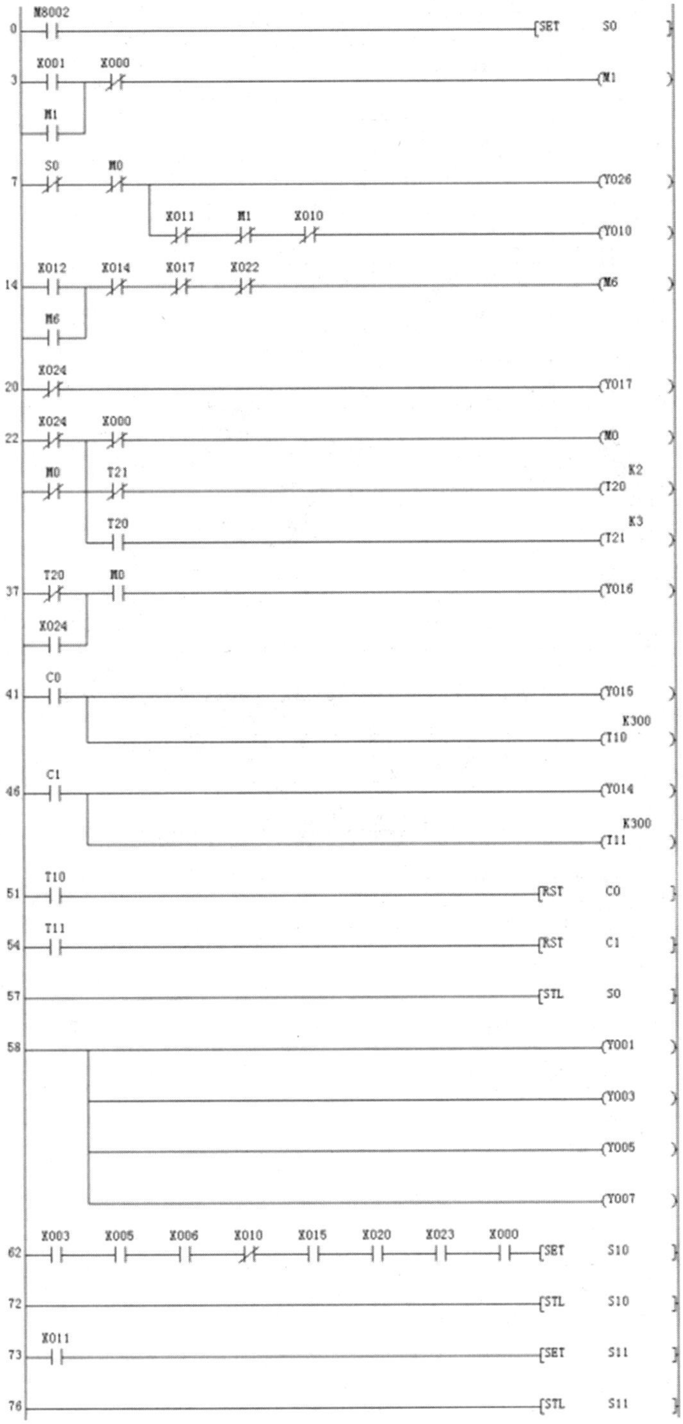

图 3-2-22 机械手物料传送和分拣模拟装置控制梯形图

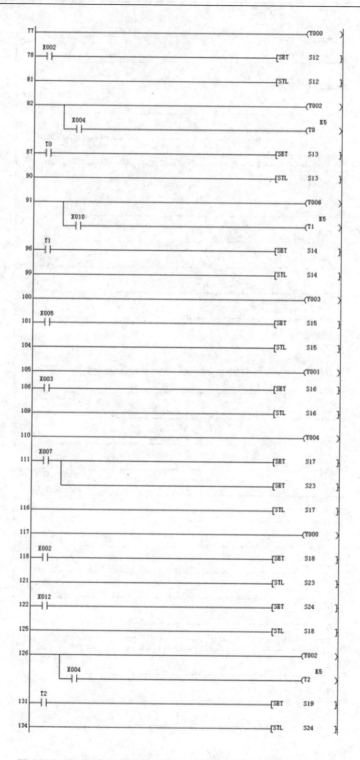

图 3-2-22 机械手物料传送和分拣模拟装置控制梯形图（续）

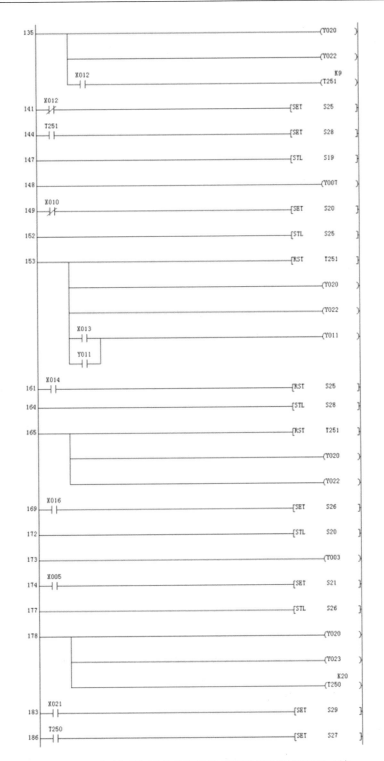

图 3-2-22　机械手物料传送和分拣模拟装置控制梯形图（续）

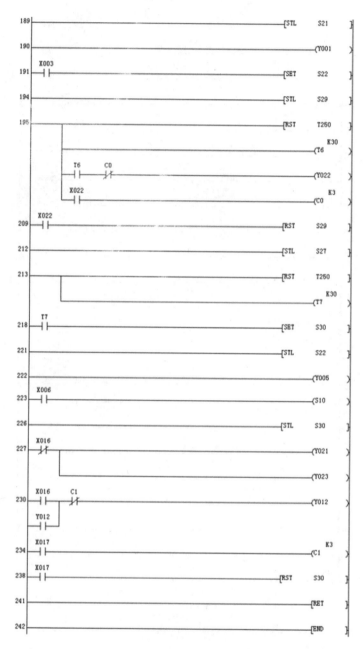

图 3-2-22 机械手物料传送和分拣模拟装置控制梯形图（续）

四、程序输入及仿真运行

1. 程序输入

（1）工程名的建立。启动 MELSOFT 系列 GX Developer 编程软件，首先选择

PLC 的类型为"FX2N"，在程序类型框内选择"SFC"，创建新文件名，并命名为"机械手物料传送和分拣模拟装置控制"。

（2）程序输入。输入方法可参照前面任务所述的方法，读者自行输入，在此不再赘述。

2. 仿真运行

仿真运行的方法可参照前面任务所述的方法，读者自行进行仿真，在此不再赘述。

3. 程序下载

（1）PLC 与计算机连接。使用专用通信电缆 RS-232/RS422 转换器将 PLC 的编程接口与计算机的 COM1 串口连接。

（2）程序写入。首先接通系统电源，将 PLC 的 RUN/STOP 开关拨到"STOP"的位置，然后通过 MELSOFT 系列 GX Developer 软件中的"PLC"菜单的"在线"栏的"PLC 写入"，就可以把仿真成功的程序写入 PLC 中。

五、线路安装与调试

（1）选择元件。图 3-2-23 是完成本任务所需元件的模块示意图，可从这些模块中选择所需要的元件。

（2）从如图 3-2-23 所示的模块中，选择出所需要的元件，然后根据如图 3-2-15 所示的 I/O 接线图，进行线路安装。

从接线的准确性、速度和美观等方面考虑，在此推荐以下接线标准和接线流程。

1）接线标准：连接导线型号、颜色正确；电路各连接点连接可靠、牢固，外露铜丝最长不能超过 2mm；接入接线排的导线都需要编号，并套好号码管；号码管长度应一致、编号工整、方向一致；同一接线端子的连接导线最多不能超过 2 根。

2）接线流程：首先从线架上取下黑色的连接线，将圆盘直流电动机蓝色接地线、信号灯上的蓝色接地线、电磁阀的黄色接地线在安装平台的接线排上通过并联方式进行连接，再引到电源接地线；磁性开关的蓝色接地线以及三线制传感器的蓝色接地线在安装平台的接线排上通过并联方式进行连接，再引到电源接地线。将信号灯的棕色正电源线、三线制传感器上的棕色电源线通过并联的方式连接，再引到 PLC 的 DC24V 电源接线端上。

接下来对按钮模块上需要使用的器件和 PLC 模块上的相关接线进行连接。将按钮模块上需要使用的启动按钮、停止按钮、急停开关等控制元件上的上端黑色端子通过并联的方式连接到 PLC 输入的 COM 点上；电源指示灯、启动指示灯、蜂鸣器等元器件的一端、PLC 输入点的 COM 点以及工作台上接地线并联到 0V 上，将电源指示灯一端和安装平台上的火线端、输出点的 COM 点并联到+24V 上；然后将电源模块上的三相电连接到变频器上，变频器上的 U、V、W、接地线连接到输送皮带机的三相交流异步电动机上；最后从线架上取下黄色和绿色的连接线，根据编程时使用的输入/输出口地址分配表分别连接好。线接好后，把多余的线放回线架上。

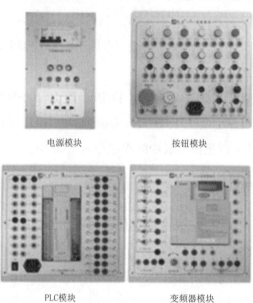

电源模块   按钮模块

PLC模块   变频器模块

图 3-2-23　本任务控制所需元件的模块示意图

（3）变频器的参数设置。

1）列出需要设置的变频器参数。根据皮带运输机能以 15Hz、20Hz、30Hz 三种频率运行，需要设定的变频器参数及相应的参数值如表 3-2-6 所示。

表 3-2-6　需要设置的变频器参数

序号	参数代号	参数值	说明
1	P4	30Hz	高速
2	P5	20Hz	中速
3	P6	15Hz	低速
4	P79	2	电动机控制模式（外部操作模式）

2）接通变频器电源。由于变频器负载电路已连接好，如果在接通电源时未将控制回路输入端断开，则变频器可能会输出信号使三相交流异步电动机运行，从而造成危险，因此需要先将控制回路输入端都置于断开位置，再接通变频器电源。电源接通后，变频器电源指示灯亮，此时才可以进行下一步工作。

3）打开变频器操作面板前盖。

4）恢复出厂设置。由于变频器已被使用过，变频器上的某些参数被修改过，但不知道是哪些参数被修改，因此在设置变频器参数前一般先将其参数恢复至出厂设置。

5）按照变频器参数设定模式的操作方法，依次将表3-2-6列出的需要设置的变频器参数设置好。所有参数设置完成后，再逐一进行检查，以确认设置是否有效。在确认变频器参数设置正确后，再将变频器设置为频率监示模式。

（4）通电调试。

1）经自检无误后，在指导教师的指导下，方可通电调试。

2）首先接通系统电源开关 QS，将 PLC 的 RUN/STOP 开关拨到"RUN"的位置，然后通过计算机上的 MELSOFT 系列 GX Developer 软件中的"监控/测试"监视程序的运行情况，再按照项目控制要求进行操作，观察系统运行情况，做好记录，并填写表3-2-7所示的完成工作任务记录表。如出现故障，应立即切断电源，分析原因，检查电路或梯形图，排除故障后，方可进行重新调试，直到系统功能调试成功为止。

表 3-2-7　完成工作任务记录表

连接的电路是否正确	
连接的气路是否正确	
编写的程序中初始位置是否符合工作任务要求	
初始位置符合工作任务要求后，红色指示灯是否会闪亮	
按下启动按钮后，红色指示灯是否会闪亮	
按下启动按钮后，绿色指示灯是否会闪亮	
在机械手搬运过程中按下停止按钮，机械手是否立即停止	
当机械手悬臂到达右限位时，输送皮带机是否启动	
输送皮带机进料口有工件到达，三相交流异步电动机能否高速运行	
输送皮带上有工件，机械手是否会继续搬运	
输送皮带上工件推出后，三相交流异步电动机是否会高速运行	

续表

三相交流异步电动机高速运行时按下停止按钮，是否立即停止	
三相交流异步电动机低速运行时按下停止按钮，是否立即停止	
黑色塑料工件能否推入废料槽	
白色塑料工件能否在电感传感器下停止	
白色塑料工件包装时，HL4 指示灯是否会亮	
金属工件包装时，HL5 指示灯是否会亮	
包装时，有没有工件被推入正在包装的出料斜槽	
按下急停开关，报警装置是否会报警	
报警装置是否符合工作任务要求	
急停开关复位后，没有按下启动按钮，设备能否接着运行	

 任务测评

对任务实施的完成情况进行检查，并将结果填入表 3-2-8 中。

表 3-2-8　任务测评表

序号	主要内容	考核要求	评分标准	配分	扣分	得分
1	电路设计	根据任务，画出状态转移图，列出 PLC 控制 I/O 口（输入/输出）元件地址分配表，根据加工工艺，设计梯形图及 PLC 控制 I/O 口（输入/输出）接线图	（1）状态转移图设计功能不全，每缺一项功能扣 5 分 （2）梯形图程序设计错误，扣 20 分 （3）输入输出地址遗漏或搞错，每处扣 5 分 （4）梯形图表达不正确或画法不规范，每处扣 1 分 （5）接线图表达不正确或画法不规范，每处扣 2 分	70		
2	程序输入及仿真调试	熟练、正确地将所编程序输入 PLC；按照被控设备的动作要求进行模拟调试，达到设计要求	（1）不会熟练操作 PLC 键盘输入状态转移图，每处扣 2 分 （2）不会用删除、插入、修改、存盘等命令，每项扣 2 分 （3）仿真试车不成功扣 50 分			

续表

序号	主要内容	考核要求	评分标准	配分	扣分	得分
3	安装与接线	按 PLC 控制 I/O 口（输入/输出）接线图在模拟配线板正确安装，元件在配线板上布置要合理，安装要准确紧固，配线导线要紧固、美观，导线要进入线槽，导线要有端子标号	（1）试机运行不正常扣 20 分 （2）损坏元件扣 5 分 （3）试机运行正常，但不按电气原理图接线，扣 5 分 （4）布线不进行线槽，不美观，主电路、控制电路每根扣 1 分 （5）接点松动、露铜过长、反圈、压绝缘层，标记线号不清楚、遗漏或误标，每处扣 1 分 （6）损伤导线绝缘或线芯，每根扣 1 分 （7）不按 PLC 控制 I/O（输入/输出）接线图接线，每处扣 5 分	20		
4	安全文明生产	劳动保护用品穿戴整齐；电工工具佩带齐全；遵守操作规程；尊重考评员，讲文明礼貌；考试结束要清理现场	（1）考试中，违犯安全文明生产考核要求的任何一项扣 2 分，扣完为止 （2）当考评员发现有重大事故隐患时，要立即予以制止，并每次扣安全文明生产总分 5 分	10		
合计						
开始时间：			结束时间：			

 知识拓展

一、理论知识拓展

PLC 控制系统应有异常处理程序，用来作为 PLC 的各种异常情况及出错处理。具体处理有：错误报警、错误控制、状态记录、标志位使用、故障预测与预防、故障或错误诊断。此外，为了更加可靠，有的还可作冗余或容错配置处理。

1. 出现错误时报警

在有的 PLC 控制系统中，使用了 3 级错误报警系统。1 级错误报警设置在控制现场各控制柜面板。采用信号指示灯指示设备正常运行和错误情况，当设备正常运行时对应的指示灯亮，当该设备运行有故障时，指示灯闪烁。2 级错误报警设置在中心控制室大屏幕监视器上，当设备出现错误时，有共享显示错误标志，工艺流程图上对应设备的指示灯闪烁，历史事件表中将记录出现过的 2 级错误。3 级错误报警在中心控制室信号箱内，当设备出现错误时，信号箱将用声、光报警方式提示工作人员及时处理错误。在故障或出错报警的同时，做好故障记录是必要的，也可与状态记录一起编程。

2. 出现错误时的控制

一旦系统出错，除了报警、记录，马上要考虑的是对出错或故障性质、严重程度的判断。一旦确认是严重故障，应有应急处理机制或程序去处理故障，以确保人身及设备安全，特别是人身安全。

一般而言，可将与机器有关的危险隔离，主动或被动地将它封住，或者在探测到危险时终止过程。这是唯一能把握并尽量避免伤亡，同时优化生产过程的机会。这里最简单的方法是设备紧急停止，或使 PLC 禁止输出等。总之，应在程序中考虑这些措施，确保出现故障时能及时得以控制。

3. 状态记录

飞机失事，第一件事是想方设法找到"黑匣子"，因为它记录着飞机的飞行数据，有了它就容易查找、判断出事的原因。PLC 运行也可有自己的"黑匣子"，那就是 PLC 的数据区。而且这个数据区现在已相当大，只要编有相应的 PLC 运行情况数据记录，就可把它存储在这个数据区中。

值得注意的是，这里讲的状态不仅是故障，还可以是系统运行负荷情况，以及在不同负荷下的运行时间、系统的重要性能特性等。一旦 PLC 控制系统出现故障，就可找出这个记录，分析这个记录。这对故障判断、定位都将有很大的帮助。

4. 故障预测与预防

设备修理，最原始的方法是坏了修，不坏不修。但对重要设备来说，长期不修，一旦突然坏了，给生产带来的损失将是很大的。为此，采用了计划预修。使用时间长了，不管坏不坏，都强迫修理，以减少突然损坏给生产带来的损失。但这样一来，资源却不能得到充分利用。最好的办法是故障预测与预防。用传感器不断监测设备的工作状态参数，并记入 PLC 的数据区。再由 PLC 实时判断，可视情况对可能的故障进行预测或提示维护，或提示停机修理，以作必要预防。对机械设备，一般检查轴承噪声及润滑油变脏的时间。一般来说，噪声变大、润滑油变脏时间缩短，是需要维修的征兆。事实上，只要做了有关配置，用 PLC 程序完全有可能实现这种故障预测及预防。这样既可充分利用资源，又不会因设备突然损坏给生产带来损失。

5. 故障或错误诊断

故障或错误诊断是对已出故障或错误的定性与定位，为排除故障、纠正错误提供依据。为此，需在计算机上建立故障或错误诊断知识库、运行系统监视与诊断程序。PLC 在现场监视系统工作，实时监测系统状态，采集与存储有关数据。必要时，两者联机通信，PLC 把采集及存储的有关数据传送给计算机，计算机处理这些数据，并存入数据库。一旦系统出现故障，知识库即可根据数据库的规则及推理机制，对故障进行实时诊断。

二、技能拓展

在本任务控制程序中增添报警功能。

1. 报警要求

（1）无料报警。当圆盘直流电动机转动 15s，抓料平台处的物料检测传感器仍未检测到工件到来，表明圆盘中无料，则报警指示灯按 2.5Hz 的频率闪烁 2 次、常亮 2s 的方式闪烁报警，系统不能启动，提醒操作人员加料。加料后设备需重新启动，启动后报警灯灭。

（2）机械手动作超时报警。设机械手每一步动作不超过 5s，如任何一步动作超过 5s 没有完成，报警指示灯以 2.5Hz 的频率闪烁 4 次、常亮 2s 的方式闪烁报警，如果报警 5s 后动作还没有完成则系统立即停机。

2. 报警功能控制程序的编写

不宜将报警控制放在步进状态中，可以根据工作的要求和设备的具体工作情况，采用经验编程法或者使用独立的步进过程编写专用的报警程序。

值得注意的是，如果采用经验编程法处理程序，则要避免出现双线圈输出。

（1）无料报警程序的编写。编写无料报警程序时需要注意的是：无料的条件是圆盘直流电动机转动 15s，抓料平台传感器没有发出工件到达信号。报警时停止的是圆盘直流电动机和循环信号，动作不受影响的是分拣和搬运。2.5Hz 即 0.4 秒闪亮 1 次，因为是固定频率的闪烁，所以闪亮两次可用定时器。当然也可用计数器，用计数器时需要用报警灯信号的下降沿作为计数。如图 3-2-24 所示为无料报警控制程序。

（2）机械手动作超时报警程序的编写。机械手动作超时报警程序可以利用 PLC 扫描周期的时间差来完成，将这段计时程序放在输出程序的上方，这样机械手每一步动作可以切断一次超时时间，如果任何一步动作完成没有来得及切断这个时间，则证明此步动作超时，T0 的触点将动作输出报警信号。报警指示灯程序的实现方法与工作异常报警一样，只是闪烁的次数有所变化，这里不再赘述。机械手超时报警程序如图 3-2-25 所示。

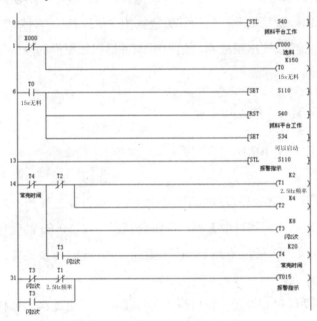

图 3-2-24　无料报警控制程序

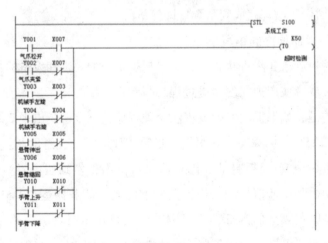

图 3-2-25　机械手动作超时报警程序

附　录

附录一　FX2N/FX2NC 基本指令一览表

FX2N/FX2NC 系列 PLC 基本指令共有 25 条。基本指令分为触点类指令、连接类指令、线圈输出类指令和其他指令。

分类	指令名称助记符	功能	梯形图及可用软元件
触点类指令	LD 取	常开触点运算开始	
	LDI 取反	常闭触点运算开始	
	LDP 取脉冲	上升沿检测运算开始	
	LDF 取脉冲	下降沿检测运算开始	
	AND 与	常开触点串联	
	ANI 与非	常闭触点串联	
	ANDP 与脉冲	上升沿检测串联连接	
	ANDF 与脉冲	下降沿检测串联连接	
	OR 或	常开触点并联	

分类	指令名称助记符	功能	梯形图及可用软元件
触点类指令	ORI 或非	常闭触点并联	
	ORP 或脉冲	上升沿检测并联连接	
	ORF 或脉冲	下降沿检测并联连接	
连接类指令	ANB 电路块与	并联回路块串联连接	
	ORB 电路块或	串联回路块并联连接	
	MPS 进栈	运算存储	
	MRD 读栈	存储读出	
	MPP 出栈	存储读出与复位	
线圈输出类指令	OUT 输出	由于线圈输出	
	SET 置位	用于线圈接通保持	
	RST 复位	用于线圈复位	
	PLS 上升沿脉冲	上升沿微分检出	
	PLF 下降沿脉冲	下降沿微分检出	
其他指令	INV 反转	运算结果取反	
	NOP 无动作	无动作	变更程序中替代某些指令
	END 结束	顺控程序结束	顺控程序结束返回到 0 步

附录二　FX系列PLC功能指令一览表

分类	FNC No.	指令助记符	指令表现形式	功能
程序流程控制指令	00	CJ	CJ Pn	条件跳转：用于跳过顺序程序中的某一部分，这样可以减少扫描时间，并使"双线圈操作"成为可能
	01	CALL	CALL Pn	调用子程序：程序调用［S·］指针Pn指定的子程序。Pn（0~128）
	02	SRET	SRET	子程序返回：从子程序返回主程序
	03	IRET	IRET	中断返回
	04	ET	EI	允许中断
	05	DI	DI	禁止中断
	06	FEND	FEND	程序结束
	07	WDT	WDT	警戒时钟：顺控指令中执行监视定时器刷新
	08	FOR	FOR S	循环范围开始，重复［S·］次
	09	NEXT	NEXT	循环范围终点，与FOR成对使用
传送和比较指令	10	CMP	CMP S1 S2 D	比较：［S1·］同［S2·］比较→［D·］
	11	ZCP	ZCP S1 S2 S D	区间比较：［S·］同［S1·］~［S2·］比较→［D·］，［D·］占3点
	12	MOV	MOV S D	传送：［S·］→［D·］
	13	SMOV	SMOV S m1 m2 D n	移位传送：［S·］第m1位开始的m2个数位移到［D·］的第n个位置，m1、m2、n=1~4
	14	CML	CML S D	取反传送：［S·］取反→［D·］

续表

分类	FNC No.	指令助记符	指令表现形式	功能
传送和 比较 指令	15	BMOV	⊢⊢─[BMOV │ S │ D │ n]─	成批传送：［S·］→［D·］（n 点→n点），［S·］包括文件寄存器，n≤512
	16	FMOV	⊢⊢─[FMOV │ S │ D │ n]─	多点传送：［S·］→［D·］（1 点→n点）；n≤512
	17	XCH	⊢⊢─[XCH │ D1│D2]─	数据交换：（D1）↔（D2）
	18	BCD	⊢⊢─[BCD │ S │ D]─	BCD 变换 BIN：［S·］16/32 位二进制数转换成 4/8 BCD→［D·］
	19	BIN	⊢⊢─[BIN │ S │ D]─	BIN 转换
四则运 算及逻 辑运算 指令	20	ADD	⊢⊢─[ADD │ S1│ S2│ D]─、	BIN 加法：（S1）+（S2）→（D）
	21	SUB	⊢⊢─[SUB │ S1│ S2│ D]─	BIN 减法：（S1）−（S2）→（D）
	22	MUL	⊢⊢─[MUL │ S1│ S2│ D]─	BIN 乘法：（S1）×（S2）→（D）
	23	DIV	⊢⊢─[DIV │ S1│ S2│ D]─	BIN 除法：（S1）÷（S2）→（D）
	24	INC	⊢⊢─[INC │ D]─	BIN 加 1：（D）+1→（D）
	25	DEC	⊢⊢─[DEC │ D]─	BIN 减 1：（D）−1→（D）
	26	WAND	⊢⊢─[WAND │ S1│ S2│ D]─	逻辑与：（S1）∧（S2）→（D）
	27	WOR	⊢⊢─[WOR │ S1│ S2│ D]─	逻辑或：（S1）∨（S2）→（D）
	28	WXOR	⊢⊢─[WXOR │ S1│ S2│ D]─	逻辑异或：（S1）⊕（S2）→（D）
	29	NEG	⊢⊢─[NEG │ D]─	求补码：（D）按位取反+1→（D）
循环移 位与移 位指令	30	ROR	⊢─[ROR │ D │ n]─	循环右移：执行条件成立，［D·］循环右移 n 位（高位→低位→高位）
	31	ROL	⊢⊢─[ROL │ D │ n]─	循环左移：执行条件成立，［D·］循环左移 n 位（低位→高位→低位）
	32	RCR	⊢⊢─[RCR │ D │ n]─	带进位循环右移：［D·］带进位循环右移 n 位（高位→低位→+进位→高位）
	33	RCL	⊢⊢─[RCL │ D │ n]─	带进位循环左移：［D·］带进位循环左移 n 位（低位→高位→+进位→低位）
	34	SFTR	⊢⊢─[SFTR │ S │ D │n1│n2]─	位右移：对于［D·］起始的 n1 位数据，右移 n2 位。移位后，将［S·］起始的 n2 位数据传送到［D·］+n1−n2 开始的 n2 中

续表

分类	FNC No.	指令助记符	指令表现形式	功能
循环移位与移位指令	35	SFTL	SFTL S D n1 n2	位左移：n2 位〔S·〕左移→n1 位的〔D·〕，低位进，高位溢出
	36	WSFR	WSFR S D n1 n2	字右移：n2 字〔S·〕右移→〔D·〕开始的 n1 字，高字进，低字溢出
	37	WSFL	WSFL S D n1 n2	字左移：n2 字〔S·〕左移→〔D·〕开始的 n1 字，低字进，高字溢出
	38	SFWR	SFWR S D n	FIFO 写入：先进先出控制的数据写入，2≤n≤512
	39	SFRD	SFRD S D n	FIFO 读出：先进先出控制的数据读出，2≤n≤512
数据处理指令	40	ZRST	ZRST D1 D2	成批复位：〔D1·〕~〔D2·〕复位，〔D1·〕<〔D2·〕
	41	DECO	DECO S D n	解码：〔S·〕的 n（n=1~8）位二进制数解码为十进制数
	42	ENCO	ENCO S D n	编码：〔S·〕的 2^n（n=1~8）位的最高"1"位代表的位数（十进制数）编码为二进制数后→〔D·〕
	43	SUM	SUM S D	求置 ON 位的总和：〔S·〕中"1"的数目存入〔D·〕
	44	BON	BON S D n	ON 位判断：〔S·〕中第 n 位为 ON 时，〔D·〕为 ON（n=0~15）
	45	MEAN	MEAN S D n	平均值：〔S·〕中 n 点平均值→〔D·〕（n=1~64）
	46	ANS	ANS S m D	标志置位：若执行条件为 ON，〔S·〕中定时器定时 n 秒后，标志位〔D·〕。〔D·〕为 S900~S999
	47	ANR	ANR	标志复位：被置位的定时器复位
	48	SQR	SQR S D	二进制平方根：〔S·〕平方根值→〔D·〕
	49	FLT	FLT S D	二进制整数与二进制浮点数转换：〔S·〕内二进制整数→〔D·〕二进制浮点数

续表

分类	FNC No.	指令助记符	指令表现形式	功能
高速处理指令	50	REF	REF D n	输入输出刷新：指令执行，[D·] 立即刷新。[D·] 为 X000、X010、…、Y000、Y010、…，n 为 8、16、…、256
	51	REFF	REFF n	滤波调整：输入滤波时间调整为 n ms，刷新 X0~X17，n=0~60
	52	MTR	MTR S D1 D2 n	矩阵输入（使用一次）：n 列 8 点数据以 [D1·] 输出的选通信号分时，将 [S·] 数据读入 [D2·]
	53	HSCS	HSCS S1 S2 D	比较置位（高速计数）：[S1·]＝[S2·] 时，[D·] 置位，中断输出到 Y，[S2·] 为 C235~C255
	54	HSCR	HSCR S1 S2 D	比较复位（高速计数）：[S1·]＝[S2·] 时，[D·] 复位，中断输出到 Y，[D·]＝[S2·] 时，自复位
	55	HSZ	HSZ S1 S2 S D	区间比较（高速计数）：[S·] 与[S1·]、[S2·] 比较，结果驱动 [D·]
	56	SPD	SPD S1 S2 D	脉冲密度：在 [S2·] 时间内，将[S1·] 输入脉冲存入 [D·]
	57	PLSY	PLSY S1 S2 D	脉冲输出（使用一次）：以 [S1·] 的频率从 [D·] 送出 [S2·] 个脉冲；[S1·] 范围为 1~1000Hz
	58	PWM	PLSY S1 S2 D	脉宽调制（使用一次）：输出周期[S2·]、脉冲宽度 [S1·] 的脉冲至 [D·]。周期为 1~32767ms，脉宽为 1~32767ms
	59	PLSR	PLSR S1 S2 S3 D	可调速脉冲输出（使用一次）：[S1·] 最高频率：10~2000Hz；[S2·] 总输出脉冲数；[S3·] 增减速时间：500ms 以下；[D·] 脉冲输出

续表

分类	FNC No.	指令助记符	指令表现形式	功能
方便指令	60	IST	IST S D1 D2	状态初始化（使用一次）：自动控制步进顺控中的状态初始化。〔S·〕为运行模式的初始输入；〔D1·〕为自动模式中的实用状态的最小号码；〔D2·〕为自动模式中的实用状态的最大号码
	61	SER	SER S1 S2 D n	查找数据：检索以〔S1·〕为起始的 n 个与〔S2·〕相同的数据，并将其个数存于〔D·〕
	62	ABSD	ABSD S1 S2 D n	绝对值式凸轮控制（使用一次）：对应〔S2·〕计数器的当前值，输出〔D·〕开始的 n 点由〔S1·〕内数据决定的输出波形
	63	INCD	INCD S1 S2 D n	增量式凸轮控制（使用一次）：对应〔S2·〕计数器的当前值，输出〔D·〕开始的 n 点由〔S1·〕内数据决定的输出波形。〔S2·〕的第二个计数器统计复位次数
	64	TTMR	TTMR D n	示教定时器：用〔D·〕开始的第二个数据寄存器测定执行条件 ON 的时间，乘以 n 指定的倍率存入〔D·〕，n 为 0~2
	65	STMR	STMR S m D	特殊定时器：m 指定的值作为〔S·〕指定定时器的设定值，使〔D·〕指定的 4 个器件构成延时断开定时器、输入 ON→OFF 后的脉冲定时器、输入 OFF→ON 后的脉冲定时器、滞后输入信号向相反方向变化的脉冲定时器
	66	ALT	ALT D	交替输出：每次执行条件由 OFF→ON 变化时，〔D·〕由 OFF→ON、ON→OFF、…，交替输出
	67	RAMP	RAMP S1 S2 D n	斜坡输出：〔D·〕的内容从〔S1·〕的值到〔S2·〕的值慢慢变化，其变化时间为 n 个扫描周期。n 范围为 1~32767
	68	ROTC	ROTC S m1 m2 D	旋转工作台控制（使用一次）：〔S·〕指定开始的 D 为工作台位置检测计数寄存器，其次指定的 D 为取出位置号寄存器，m1 为分度区数，m2 为低速运行行程。完成上述设定，指令就自动在〔D·〕指定输出控制信号

分类	FNC No.	指令助记符	指令表现形式	功能
方便指令	69	SORT	⊢├─ SORT │ S │m1│m2│ D │ n ┤	表数据排列（使用一次）：〔S·〕为排序表的首地址，m1 为行号，m2 为列号。指令将以 n 指定的列号，将数据大小开始进行整数排列，结果存入以〔D·〕指定的为首地址的目标元件中，形成新的排序表；m1 为 1~32，m2 为 1~6，n 为 1~m2
外部 I/O 设备指令	70	TKY	⊢├─ TKY │ S │D1│D2 ┤	十键输入（使用一次）：外部十键键号依次为 0~9，连接于〔S·〕，每按一次键，其键号依次存入〔D1·〕，〔D2·〕指定的位元件依次为 ON
	71	HKY	⊢├─ HKY │ S │D1│D2│D3 ┤	十六键输入（使用一次）：以〔D1·〕为选通信号，顺序将〔S·〕所按键号存入〔D2·〕，每次按键以 BIN 码存入，超出上限 9999，溢出；按 A~F 键，〔D3·〕指定位元件依次为 ON
	72	DSW	⊢├─ DSW │ S │D1│D2│ n ┤	数字开关（使用二次）：四位一组（n＝1）或四位二组（n＝2）BCD，数字开关由〔S·〕输入，以〔D1·〕为选通信号，顺序将〔S·〕所按键号存入〔D2·〕
	73	SEGD	⊢├─ SEGD │ S │ D ┤	七段码译码：将〔S·〕低四位指定的 0~F 的数据译成七段码显示的数据格式存入〔D·〕，〔D·〕高 8 位不变
	74	SEGL	⊢├─ SEGL │ S │ D │ n ┤	带锁存七段码显示（使用二次）：四位一组（n＝0~3）或四位二组（n＝4~7）七段码，由〔D·〕的第二个四位为选通信号，顺序显示由〔S·〕经〔D·〕的第 1 个四位或〔D·〕的第 3 个四位输出的值
	75	ARWS	⊢├─ ARWS │ S │D1│D2│ n ┤	方向开关（使用一次）：〔D·〕指定的位移位与各位数值增减用的箭头开关，〔D1·〕指定的元件中存放显示的二进制数，根据〔D2·〕指定的第 2 个四位输出的选通信号，依次从〔D2·〕指定的第 1 个四位输出显示。按位移开关，顺序选择所要显示位；按数值增减开关，〔D1·〕数值由 0~9 或 9~0 变化。n 为 0~3，选择选通位

续表

分类	FNC No.	指令助记符	指令表现形式	功能
外部 I/O设 备指令	76	ASC	⊢─[ASC | S | D]─	ASCⅡ码转换：[S·]存入微机输入8个字节以下的字母数字。指令执行后，将[S·]转换为ASC码后送到[D·]
	77	PR	⊢─[PR | S | D]─	ASCⅡ码打印（使用两次）：将[S·]的ASCⅡ码→[D·]
	78	FROM	⊢─[FROM | m1 | m2 | D | n]─	BFM读出：将特殊单元缓冲存储器（BFM）的n点数据读到[D·]；m1=0~7，特殊单元特殊模块号；m2=0~31，缓冲存储器（BFM）号码；n=1~32，传送点数
	79	TO	⊢─[TO | m1 | m2 | S | n]─	写入BFM：将可编程序控制器[S·]的n点数据写入特殊单元缓冲存储器（BFM），m1=0~7，特殊单元特殊模块号；m2=0~31，缓冲存储器（BFM）号码；n=1~32，传送点数
外部设 备指令	80	RS	⊢─[RS | S | m | D | n]─	串行通信传递：使用功能扩展板进行发送接收串行数据[S·]为发送首地址，m为发送点数，[D·]为接收首地址，n为接收点数。m、n范围为0~256
	81	PRUN	⊢─[PRUN | S | D]─	八进制位传送：[S·]转换为八进制，送到[D·]
	82	ASCI	⊢─[ASCI | S | D | n]─	HEX→ASCⅡ变换：将[S·]内HEX（十六进制）数据的各位转换成ASCⅡ码向[D·]的高低8位传送。传送的字符数由n指定，n范围为1~256
	83	HEX	⊢─[HEX | S | D | n]─	ASCⅡ→HEX变换：将[S·]内高低8位的ASCⅡ（十六进制）数据的各位转换成HEX向[D·]的高低8位传送。传送的字符数由n指定，n范围为1~256
	84	CCD	⊢─[CCD | S | D | n]─	检验码：用于通信数据的校验。以[S·]指定的元件为起始的n点数据，垂直校验与奇偶校验送到[D·]与[D·]+1的元件中

分类	FNC No.	指令助记符	指令表现形式	功能
外部设备指令	85	VRRD	VRRD S D	模拟量输入：将〔S·〕指定的模拟量设定模块的开关模拟值 0～255 转换成 8 位 BIN 传送到〔D·〕
	86	VRSC	VRSC S D	模拟量开关设定：〔S·〕指定的开关刻度 0～10 转换为 8 位 BIN 传送到〔D·〕，〔S·〕：开关号码 0～7
	87	PID	PID S1 S2 S3 D	PID 电路运算：〔S1·〕设定目标值，〔S2·〕设定测定当前值；〔S3·〕～〔S3·〕+6 设定控制参数值；执行程序，运算结果被存入〔D·〕；〔S3·〕：D0～D975

附录三　FX 系列 PLC 触点式比较指令一览表

触点式比较指令（FNC220～FNC249）有别于其他比较指令，它本身就像触点一样，而这些触点的通/断取决于比较条件是否成立。若比较条件成立则触点导通，反之就断开。这样，这些比较指令就可像普通触点一样放在程序的横线上，故又称为线上比较指令。按指令在线上的位置分为以下三大类。

类别	FNC No.	指令助记符	指令表现形式	导通条件	不导通条件
LD 类比较触点	224	LD =	LD= S1 S2	〔S1·〕=〔S2·〕	〔S1·〕≠〔S2·〕
	225	LD>	LD> S1 S2	〔S1·〕>〔S2·〕	〔S1·〕≤〔S2·〕
	226	LD<	LD< S1 S2	〔S1·〕<〔S2·〕	〔S1·〕≥〔S2·〕
	228	LD < >	LD<> S1 S2	〔S1·〕≠〔S2·〕	〔S1·〕=〔S2·〕
	229	LD ≤	LD<= S1 S2	〔S1·〕≤〔S2·〕	〔S1·〕>〔S2·〕
	230	LD ≥	LD>= S1 S2	〔S1·〕≥〔S2·〕	〔S1·〕<〔S2·〕

续表

类别	FNC No.	指令助记符	指令表现形式	导通条件	不导通条件
AND类比较触点	232	AND =	$[S1\cdot] = [S2\cdot]$	$[S1\cdot] = [S2\cdot]$	$[S1\cdot] \neq [S2\cdot]$
	233	AND>		$[S1\cdot] > [S2\cdot]$	$[S1\cdot] \leqslant [S2\cdot]$
	234	AND<		$[S1\cdot] < [S2\cdot]$	$[S1\cdot] \geqslant [S2\cdot]$
	236	AND<>		$[S1\cdot] \neq [S2\cdot]$	$[S1\cdot] = [S2\cdot]$
	237	AND≤		$[S1\cdot] \leqslant [S2\cdot]$	$[S1\cdot] > [S2\cdot]$
	238	AND≥		$[S1\cdot] \geqslant [S2\cdot]$	$[S1\cdot] < [S2\cdot]$
OR类比较触点	240	OR =		$[S1\cdot] = [S2\cdot]$	$[S1\cdot] \neq [S2\cdot]$
	241	OR>		$[S1\cdot] > [S2\cdot]$	$[S1\cdot] \leqslant [S2\cdot]$
	242	OR<		$[S1\cdot] < [S2\cdot]$	$[S1\cdot] \geqslant [S2\cdot]$
	244	OR < >		$[S1\cdot] \neq [S2\cdot]$	$[S1\cdot] = [S2\cdot]$
	245	OR≤		$[S1\cdot] \leqslant [S2\cdot]$	$[S1\cdot] > [S2\cdot]$
	246	OR≥		$[S1\cdot] \geqslant [S2\cdot]$	$[S1\cdot] < [S2\cdot]$